JN073717

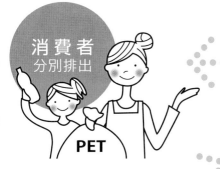

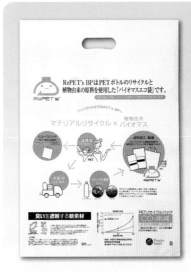

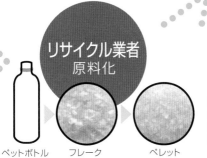

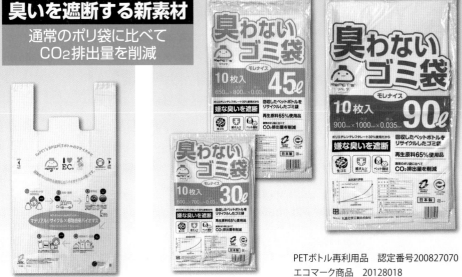

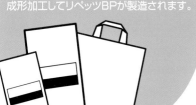

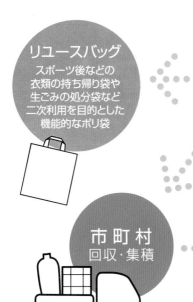

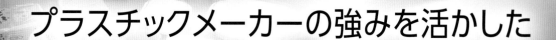

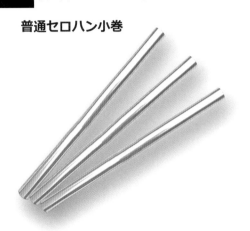

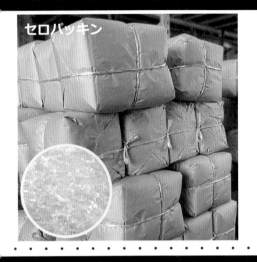

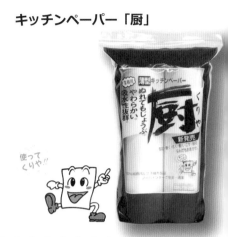

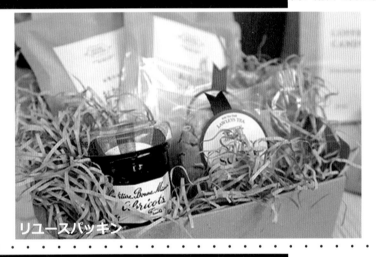

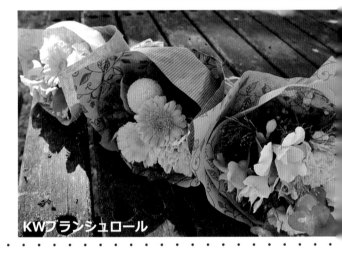

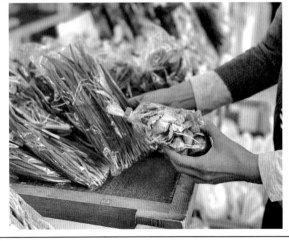

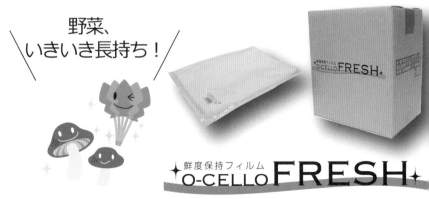

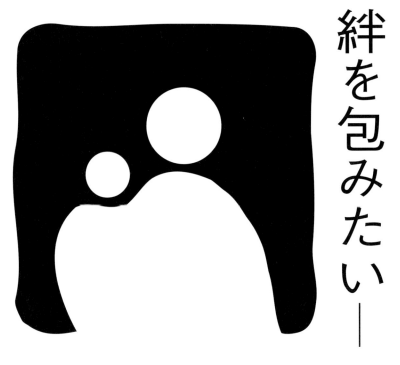

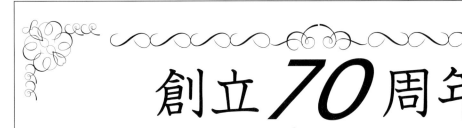

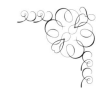

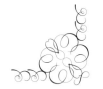

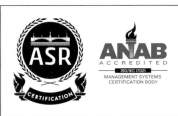

90度旋回ハンドリフター
胴受けタイプ

最大荷量250kg、最大径φ600mm、最大幅1200mm

パレットの縦積みロールの搬送に便利なハンドリフター。　昇降と旋回は油圧作動で、走行は手動。

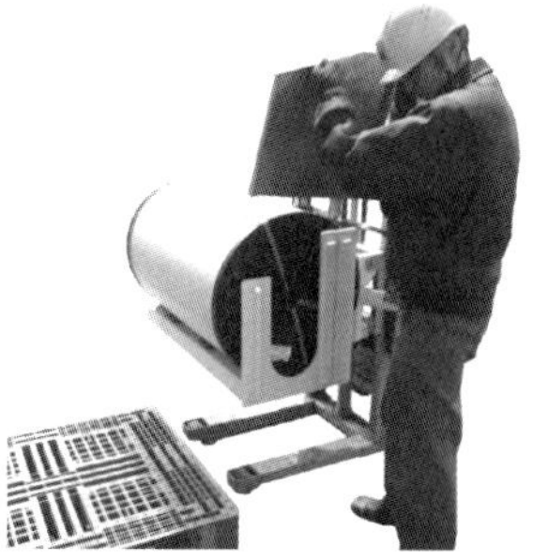
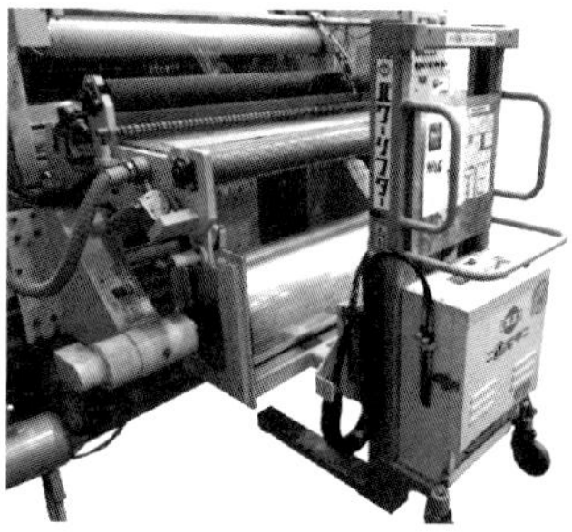

底板はSUS製とし、ロールの積み込み時に滑りやすくしています。　パレット高さは110mm以上です。

底板は取外しができ、水平状態でスリッター機への架設や、パイプ吊りされたロールの受け取りができます。

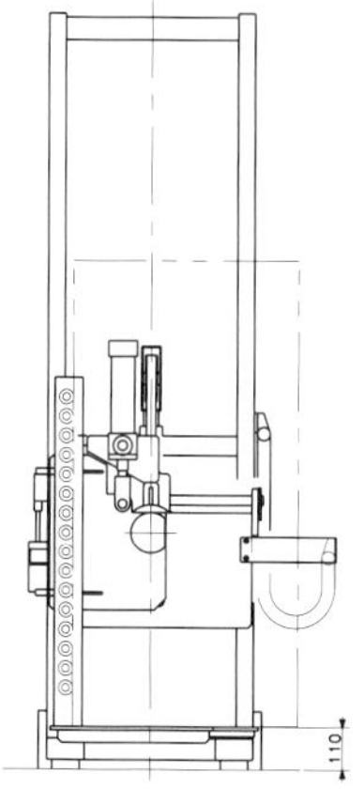

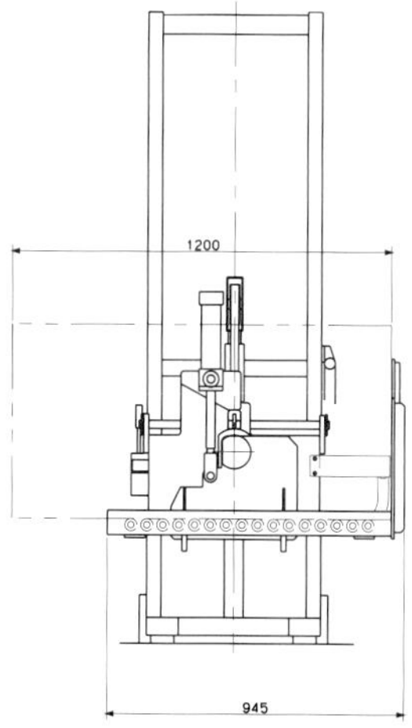

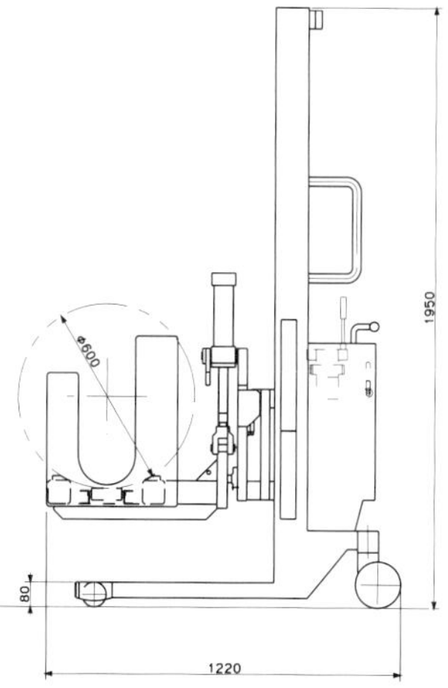

株式会社片岡機械製作所

本社　〒799-0431
愛媛県四国中央市寒川町4765-46
電話 **0896-25-0102**　FAX **0896-25-1814**
ホームページ　http://www.kataoka.co.jp
email:machine@kataoka.co.jp

東京営業所　〒105-0012
東京都港区芝大門1-4-4 ノア芝大門412号
電話 **03-3438-2366**　FAX **03-3438-2664**

大阪営業所　〒532-0004
大阪市淀川区西宮原1-8-48 ホワイトハイデンス303号
電話 **06-6396-7351**　FAX **06-6396-7485**

リメイクパレット（再生パレット）

〈リメイクパレットとは〉

①パレットの分解

ダメージの著しいパレット、原料などの輸入時に付いてきたパレットなど、不要なパレットを分解

リメイクマシンのカッター部

どちらか一面の板を切り離す

もう一面の板を切り離す

全ての板と桁をバラバラに

②材料の切りそろえ

分解した材料に残った釘を処理し、必要であれば
長さを切りそろえる

取り出した板のカット

取り出した桁のカット

③パレットの製作

取り出された材料を使って
パレットを製作

パレットへ生まれ変わります

④マテリアルリサイクル

使えない材料は、
外壁ボード原料などの
マテリアルリサイクルへ

使えない材料はマテリアルリサイクル

導入メリット

- **ゼロエミッションに貢献**
  不要パレットの有効活用で廃棄物の排出量を減らします
- **新規購入費を削減**
  リメイクパレットの活用で、パレットの新規購入費を削減
- **廃棄処理費用を削減**
  廃棄物の処理費用の大幅な削減
- **サスティナブルな物流環境へ**
  リメイク(作り直し)、リユース(再利用)、リペア(修繕)の組み合わせにより地球環境にやさしい物流環境をお手伝い

防虫処理不要の輸出パレット「LVLパレット」

輸出パレットの決定版!

累計出荷台数 50万台突破!!

各国の検疫規制（国際基準No.15）対象外の素材です。規制が厳しくなる傾向にある中国向けにも対応いたします。一般的な針葉樹材に比べ強度が高くコストダウンが可能。お客様のニーズに合わせたオリジナルサイズでお届けします。

ダイトーロジテム株式会社

愛知県弥富市楠2-9

電話　0567-68-1930　FAX　0567-68-1933

ホームページをご覧ください。 http://daito-logitem.jp/

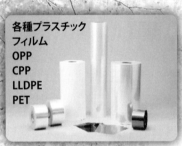

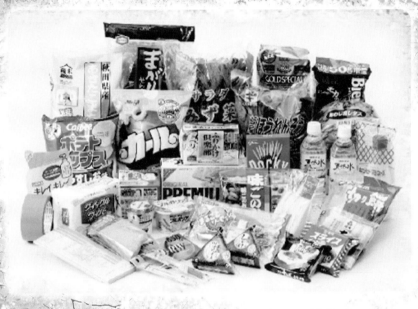

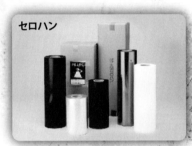

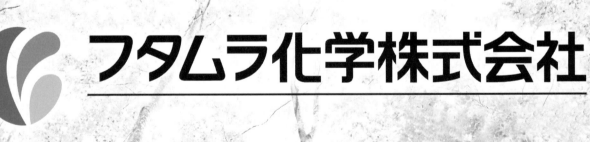

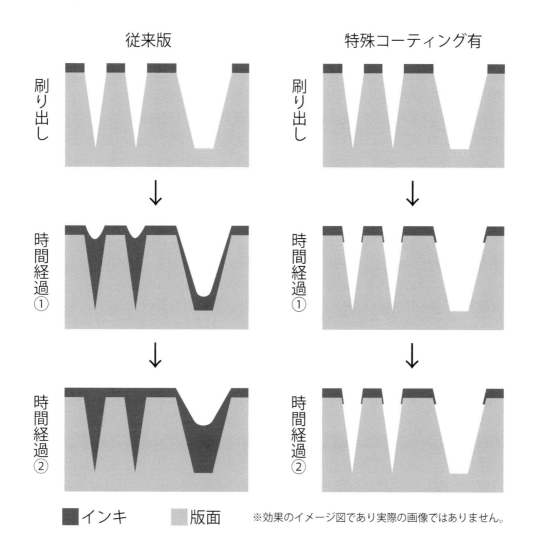

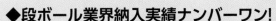

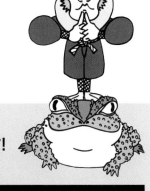

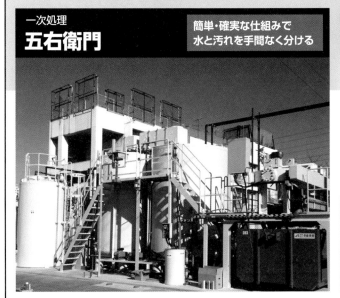

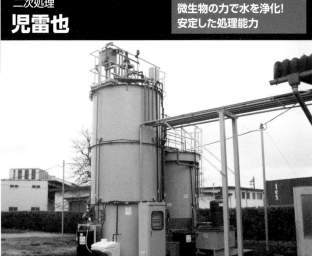

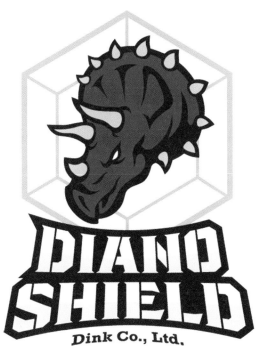

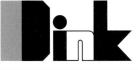

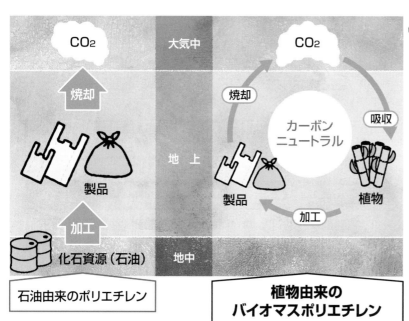

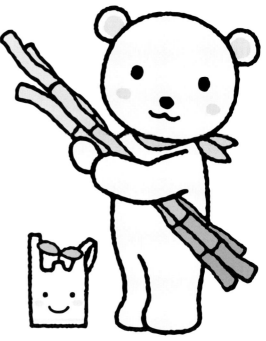

包装関連資材
カタログ集

2023年度版

総　目　次

広告索引

資材別掲載一覧（掲載順）

掲載社名一覧（50音順）

ア

カ

サ

タ

ナ

フィルム
シート
レジン

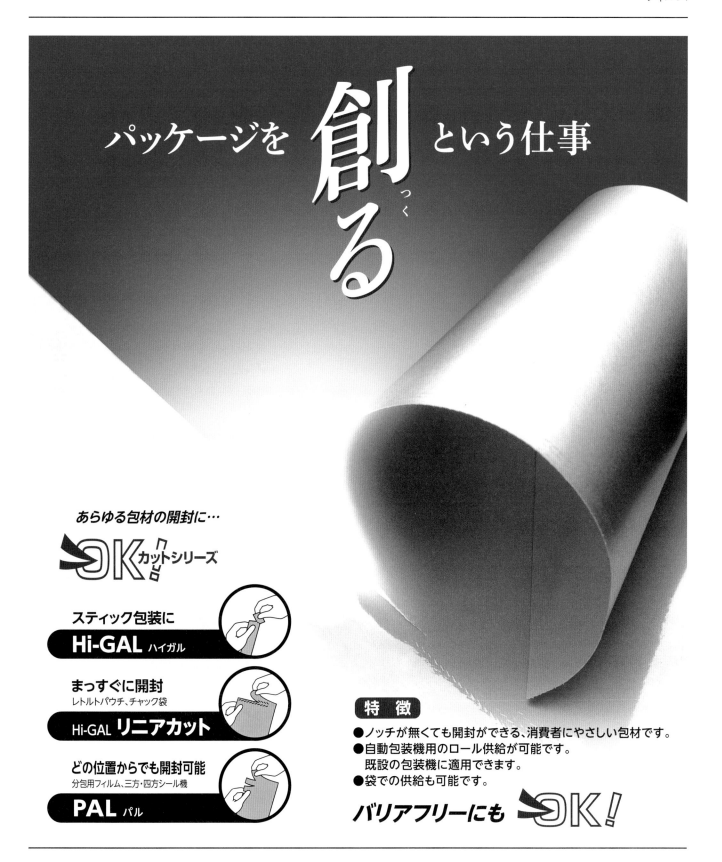

「エバール®」樹脂&フィルム

「エバール®」について

「エバール®」は、クラレが1972年以来製造販売しているエチレン-ビニルアルコール共重合樹脂の登録商標です。「エバール®」はポリビニルアルコールの特長である優れたガスバリア性、耐有機溶剤性とポリエチレンの特長である熱溶融成形性、耐水性を合わせ持つ結晶性ポリマーで次のような分子構造を持っています。

$$-(CH_2-CH_2)_m-(CH_2-\underset{\displaystyle OH}{\underset{|}{CH}})_n-$$

「エバール®」は、エチレン共重合比率及び溶融粘度を適切に選択することにより、いくつもの高機能をハイガスバリア性と同時に発現することができ、食品を中心とした、広い用途に用いられています。

「エバール®」の代表的な特長

■ハイガスバリア性
酸素をはじめ、気体をほとんど通しません。

■耐油性、耐有機溶剤性
油類、有機溶剤を含む薬品の包装や、防汚染性目的の壁紙用途に適しております。

■保香性
商品の香りを保持し、いやな臭いを寄せつけません。

■非吸着性
各種フレーバー、薬効成分等を吸着しません。

■ヒートシール性
バリアシーラントとしてもお使いいただけます。

■透明性
黄変もなく、光沢と透明度で商品の美しさを引き立てます。

■印刷適性
特別な表面処理を施すことなく、良好な印刷ができます。

■成形加工性
押出成形性が優れていますので、次の用途に適しています。

○フィルム成形　○共押出フィルム成形
○共押出シート成形　○共押出ボトル成形
○共押出チューブ成形　○共押出コート
○共押出ラミネート

「エバール®」樹脂の銘柄

■「エバール®」Mグレードは工業用に開発された銘柄で、エチレン共重合比率が最も低く、最も高いガスバリア性を有しております。

■「エバール®」Lグレードは食品用途ではエチレン共重合比率が最も低い銘柄で、最も高いガスバリア性を有しております。

■「エバール®」Fグレードはガスバリア性に優れており、自動車燃料タンク、ボトル、フィルム、チューブ、パイプ等幅広い用途で使用していただいております。

■「エバール®」Hグレードはガスバリア性と熱安定性のバランスに優れ、インフレーションフィルム用途に使用していただいております。

■「エバール®」Eグレードはエチレン共重合比率が高く、より優れた成形性、熱安定性を有しており、幅広い加工条件に対応できます。

■「エバール®」Gグレードはエチレン共重合比率が最も高く、ストレッチフィルム、及びシュリンクフィルムに使用していただいております。

kuraray

株式会社 クラレ エバール事業部
〒100-0004　東京都千代田区大手町二丁目6番4号　常盤橋タワー
TEL(03)6701-1489　FAX(03)6701-1476
e-mail eval.jp@kuraray.com

kuraray

PLANTIC™

PLANTIC™〈プランティック〉
バイオマス由来の機能性包装フィルム

美味しさを保ち、フードロス削減と環境問題解決に貢献します。

1. バイオマス由来

カーボンニュートラルな素材で環境負荷低減に貢献

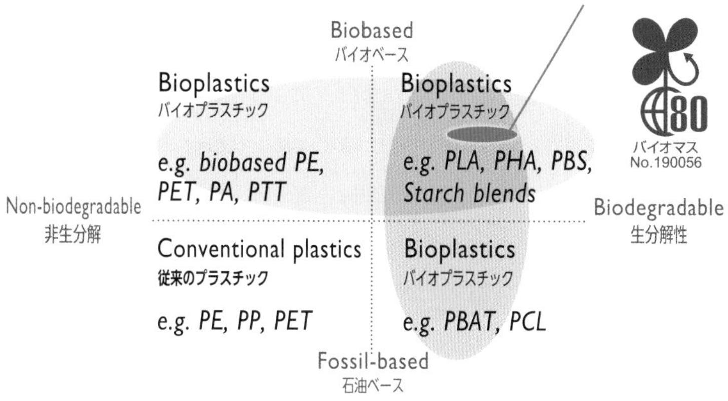

2. 生分解性

組み合わせる素材の選定次第で、
生分解性バリア包材の実現が可能

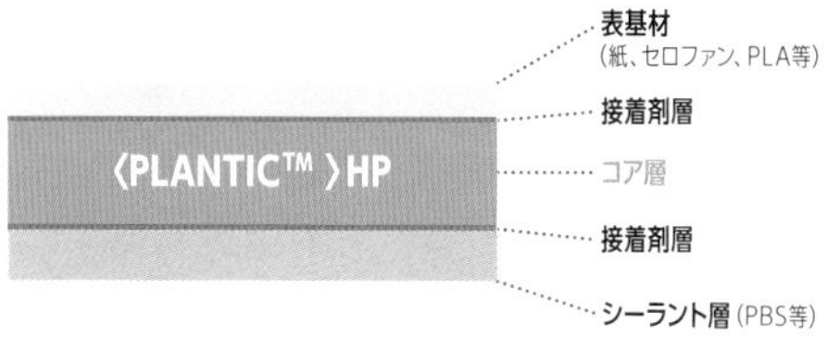

SOIL OK biodegradable TÜV AUSTRIA SOIL S0036
WATER OK biodegradable TÜV AUSTRIA WATER S0036
HOME OK compost TÜV AUSTRIA HOME S0036
OK compost TÜV AUSTRIA INDUSTRIAL S0036

3. バリア性

優れたバリア性で
食品の鮮度や風味を保持

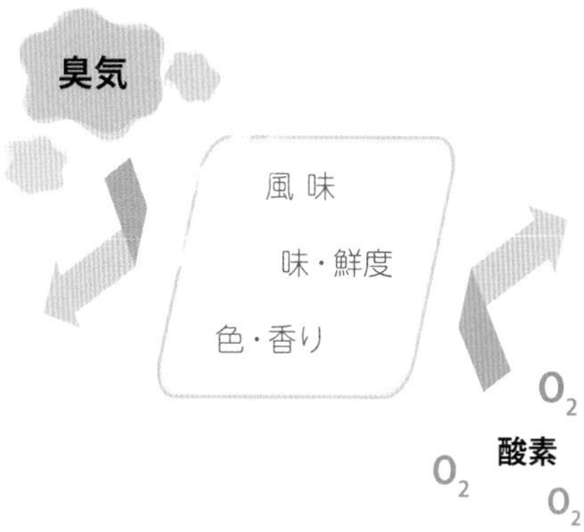

kuraray

株式会社 クラレ エバール事業部

〒100-0004 東京都千代田区大手町二丁目6番4号 常盤橋タワー
TEL(03)6701-1489 FAX(03)6701-1476
e-mail eval.jp@kuraray.com

東洋紡「パイレン®」フイルム-OT

（2軸延伸ポリプロピレンフィルム）

東洋紡「パイレン®」フィルム-OTは、2軸延伸ポリプロピレンフィルムのパイオニアとしての歴史を有し、透明性、防湿性などにすぐれているため、幅広い用途に使用されています。

タイプ	品名	厚さ(μm)	処理		特徴	用途例
			コロナ	易シール		
無静防	P2102	20	巻内	—	透明性良好	ラミネート
	P2002	40	—	—	透明性良好	アルバム、繊維等
	P2108	30・40	巻内	—	高強度	粘着テープ等
帯電防止	P2161	20～60	巻内	—	標準品	一般ラミ、パートコート
	P2261	20～60	両面	—	標準品	一般ラミ、パートコート
	P2241	20・25	両面	—	強帯電防止	かつお、粉物等
	P2171	20・25・30	巻内	—	高耐熱・高剛性	ラミネート
	P2271	20・25・30	両面	—	高耐熱・高剛性	ラミネート
	P2111	20・30	巻内	—	高接着性	水性対応等
マット	P4166	20・25	巻内	—	艶消し(マット)	一般包装
S L	P3162	20～50	巻内	巻外	片面ヒートシール	個包装
S T	P6181	25・30	巻内	両面	両面ヒートシール	オーバーラップ
パールSS	P4256	50	両面	—	真珠光沢	包装紙、吸水紙等
高ヒートシール パールSS	P8155	30	巻内	—	片面高ヒートシール	冷食、冷菓等
パールST	P6155	35	巻内	—	両面ヒートシール	オーバーラップ
F & G	P5767	25・30・40	巻内	巻外	片面超低温ヒートシール 防曇OPP	縦ピロー 野菜包装全般
	P5562	15・20・25・30・40	両面	—	両面防曇	野菜包装、おにぎり等
	P5573	20・25・30・40	巻内	巻外	両面ヒートシール 防曇OPP(片面低温HS)	横ピロー 野菜包装全般
	P5569	25	両面	両面	両面ヒートシール 強防曇OPP	菌茸包装
	P5260	35	両面	両面	高剛性 両面ヒートシール	サンドイッチ等
バリア	DP065	20	—	—	ガスバリア性	乾燥食品

東洋紡「パイレン®」フイルム-CT

（無延伸ポリプロピレンフィルム）

東洋紡「パイレン®」フィルム-CTは、Tダイ法による無延伸ポリプロピレンフィルムです。高圧法ポリエチレンに比べ透明性が良く腰があり、水分遮断性が良い、ヒートシール性が良く、滑りが安定しています。

タイプ	品名	厚さ(μm)	特徴	用途例
一般	P1011	25～50	標準品(PPホモタイプ)	繊維、雑貨
	P1111	25～50	同上のコロナ処理品	繊維、封筒、成型等
ラミネート	P1128	20～60	低温ヒートシール性良好	一般包装
	P1181	25～50	帯電防止性良好	粉物等
セミレトルト	P1153	40～80	耐寒衝撃性良好、透明性良好	煮豆、一般レトルト食品
	P1157	60	耐寒衝撃性・耐ブロッキング性良好	
ハイレトルト	P1146	50～80	耐寒衝撃性良好	ハンバーグ、カレー
	P1147	60～80	耐寒衝撃性・耐ブロッキング性良好	
	DC061	50～70	縦方向直進カット性良好	
パン用	P1162	30	艶消しタイプ	パン用(単体)
ラミネート 一般	DC062	20～60	環境配慮型、植物由来原料配合(バイオマス度10%)	一般包装 パン用(単体)

●本カタログの測定値は代表値です。

東洋紡「リックス®」フイルム

東洋紡「リックス®」フィルムは、リニアーローデンシティポリエチレン(LLDPE)を原料とした無延伸フィルムです。ラミネートフィルムのシーラント材として低温ヒートシール性、耐寒性・耐破袋適性の優れた特性があります。

タイプ	品名	厚さ(μm)	特徴	用途例
レトルト	L6100	50～70	セミレトルト(120℃以下)使用	レトルト食品、電子レンジ対応可
耐熱	L6101	40～80	真空包装、ボイル用 105℃以下使用	総菜
一般(ノンパウダー)	L4102	25～100	ピロー包装、製袋用 95℃以下使用	チルド食品 菓子類
一般(帯電防止)	L4182	30～80	帯電防止性良好	粉物 電子部品
低温ヒートシール(ノンパウダー)	L4103	30～70	ピロー包装、製袋用 90℃以下使用	液体スープ 水産練製品
高速低温ヒートシール	L4104	40～60	自動充填・ホット充填用 ホットパック95℃以下	液体スープ ホット充填
	L3105	40・50	自動充填用 ホットパック80℃以下	液体スープ

●本カタログの測定値は代表値です。

本カタログは、そこに記載の情報の適用によって得られる結果並びに本製品の安全性・適合性について保証するものではありません。お客様はその使用目的に応じて本製品の安全性・適合性につき確認して下さい。本製品の取扱い時には、事前に安全データシート(SDS)を良く読んで取扱って下さい。

「東洋紡エステル®」フイルム

（2軸延伸ポリエステルフィルム）

「東洋紡エステル®」フィルムは、ポリエチレンテレフタレートを原料とした2軸延伸フィルムです。

すぐれた耐熱性、寸法安定性、耐薬品性、保香性、機械的強度を有し、一般包装用途・工業用途に広範囲に使用できます。

品　名	厚さ（μm）	特　　徴	用　途　例
E5100	12・16・25	一般タイプ	一般包装 ボイル・レトルト
E3120	12	マットタイプ	艶消し包材
TF110	14	易引裂性ポリエステルフィルム ノッチ・孔あけ加工なしで手切れ可能	粉末等のスティック包装
ET510	12	ヨコ方向なき分かれ防止 ポリエステルフィルム	ノッチ入りのスティック包装 粉末小袋等
DE048	15・20	タフネス性良好	一般包装、ボイル、 レトルト
DE041	13	折り曲げ性、溶断シール性良好 帯電防止タイプ	個包装等
DE044	30	折り曲げ性良好 溶断シール性良好	ラベル等
E7700	12	軽ヒートシールタイプ	一般包装、茶袋等
DE046	20・30	片面高ヒートシールタイプ 保香性良好、折り曲げ性良好	一般包装、ラミネートシーラント 成形PETの蓋

東洋紡「エスペット®」フイルム

（2軸延伸ポリエステル系フィルム）

東洋紡「エスペット®」フィルムは、東洋紡が開発した新しいポリエステル系2軸延伸フィルムです。

エステルフィルムの持つ強い機械的強度に加え、耐ピンホール性、印刷及び接着適性のすぐれた包装用フィルムです。

品　名	厚さ（μm）	特　　徴	用　途　例
T4100	9・12・16	易接着タイプ	一般包装　ボイル・レトルト
T6140	12	帯電防止性良好、易印刷	粉末包装等

東洋紡「ハーデン®」フイルム

（2軸延伸ナイロンフィルム）

東洋紡「ハーデン®」フィルムは、ナイロン6を原料とした逐次2軸延伸フィルムです。

すぐれた強じん性、耐ピンホール性、耐熱性、耐寒性を有しており、液状、水物食品等の包装用に特にすぐれたフィルムです。

品　名	厚さ（μm）	特　　徴	用　途　例
N1102	12・15・25	一般タイプ	一般包装
N2102	15・25	耐ピンホールタイプ	スープ袋、真空包装等
N4142	15	耐水接着タイプ（AR）	スープ袋、水物等
N5342	15	耐水接着タイプ（AR）	中使い
N5152	15	易滑タイプ（GS）、印字適性良好	漬物等
N1152	15	高易滑タイプ（ソフィー）、湿度依存性少	漬物等、自動充填
MX112	15	MXD6系共押しバリアナイロン 耐ピンホール性・透明性に優れる	半生菓子・ボイル食品 乾燥食品・水物食品等
NAP02	15・25	易滑耐水接着タイプ	水物
NAP22	15・25	易滑耐水接着タイプ	中使い
N1132	15	低収縮タイプ	フタ材、レトルト包装
N8102	15	PVDC コートバリアタイプ、ボイル可	漬物、スープ等
DN029	15	環境配慮型、植物由来原料配合 （バイオマス度10%）	一般包装用
DN031	15		中使い

東洋紡「エコシアール®」

（無機2元蒸着　透明バリアフィルム）

東洋紡「エコシアール®」は、ナイロンフィルムやポリエステルフィルムにセラミック2元蒸着をした、塩素化合物を含まないバリアフィルムです。

バリア特性・透明性に優れ、印刷・ラミネート加工及び最終使用における品質低下が少なく、押出しラミネートも可能です。

ベース	品名	厚さ（μm）	コート	特徴	用途例
ポリエステル	VE100 （VE130）	12 （12・9）	—	バリア特性に優れる （背面コロナ:中使い用）	食品・非食品 一般バリア包装用途
	VE106	12	○	VE100のトップコートタイプ 汎用インキ・接着剤使用可能	食品・非食品 一般バリア包装用途
	VEL07	12	○	ハイバリアタイプ	食品・非食品　乾物 ハイバリア包装用途
	※VA107	12	○	一般バリアタイプ 加熱殺菌後のバリア性安定	食品・非食品 ボイル・セミレトルト用途
	※VA607	12	○	ハイバリアタイプ	食品・非食品　乾物 ハイバリア包装用途
	※VA604	12	○	ハイバリアタイプ 静電気防止タイプ	食品・非食品　乾物 ハイバリア包装用途
	※VA608	12	○	超ハイバリアタイプ	食品・非食品　乾物 ハイバリア包装用途
	VE707	12	○	ハイバリアレトルトタイプ 加熱殺菌後のバリア性安定	食品・非食品 ボイル・レトルト用途
	VE708	12	○	超ハイバリアレトルトタイプ 加熱殺菌後のバリア性安定	食品・非食品 ボイル・レトルト用途
	VE036 開発品	15	○	耐ピンホール性向上 レトルト対応	食品・非食品 ボイル・レトルト用途
ナイロン	VN130	15	—	バリア特性・タフネス性に優れる 背面コロナ:中使い用	業務用・重量袋 中使い
	VN400	15	—	バリア特性・耐ピンホール性に 優れる	チーズ・BIB等 乾燥食品・水物食品
	VN406	15	○	VN400のトップコートタイプ 汎用インキ・接着剤使用可能	チーズ・BIB等 乾燥食品・水物食品
	VN508	15	○	ハイバリアタイプ	食品・非食品 ボイル用途

※アルミナ一元蒸着タイプ、押出しラミネート非対応です。

本カタログは、そこに記載の情報の適用によって得られる結果並びに本製品の安全性・適合性について保証するものではありません。お客様はその使用目的に応じて本製品の安全性・適合性につき確認して下さい。
本製品の取扱い時には、事前に安全データシート（SDS）を良く読んで取扱って下さい。

TOYOBO
Beyond Horizons

東洋紡

■大　阪　〒530-0001　大阪市北区梅田一丁目13番1号
(大阪梅田ツインタワーズ・サウス)
大阪パッケージング営業部／TEL.大阪(06)6348-3761~3764
FAX.大阪(06)6348-3769

■東　京　〒104-8345　東京都中央区京橋1丁目17番10（住友商事京橋ビル）
東京パッケージング営業部／TEL.東京（03）6887-8868
FAX.東京（03）6887-8870

■名古屋　〒452-0805　名古屋市西区市場木町390番地（ミユキビル2F）
名古屋支社フイルム営業課／TEL.名古屋（052）856-1633
FAX.名古屋（052）856-1634

■九　州　〒812-0013　福岡市博多区博多駅東2丁目17-5（A.R.Kビル8F）
九州営業所／TEL.福岡（092）451-3123
FAX.福岡（092）411-6681

https://www.toyobo.co.jp/seihin/film/package/

TOYOBO
Beyond Horizons
あんな手も こんな手も
今までなかったものを
東洋紡から
FOR EARTH
FOR NATURE
FOR FUTURE
FOR CHILDREN
ポリプロピレン、ポリエチレン、ポリエステル、ナイロン。
東洋紡はさまざまな素材からフィルムを製造しています。
いろんな素材が揃う東洋紡だからこそできる提案があります。
https://www.toyobo.co.jp/seihin/film/package/

日本、アメリカ、中国をはじめ
世界中で活躍する
TOTAIパッケージ

中国が認めた環境対応型工場

Totai America

富士川工場

お菓子から
電子部品まで
大切に包みます

北米はカリフォルニア州とノースカロライナ州の2拠点、
中国には昆山の工場と上海事務所を設立し、
世界中の様々な地域のお客様に
包材をお届けしています。

東タイ株式会社

〒110-0005　東京都台東区上野5丁目24番17号
TEL 03-3833-4141
http://www.totai.com

〈工場・事業所〉
富士川工場
大阪支店・名古屋支店・九州営業所

TOTAI
東タイ株式会社
HIGH QUALITY FLEXIBLE PACKAGING MATERIALS

ユニチカ　ナイロン「エンブレム®」「エンブレム® DC」

エンブレムは、ユニチカの独自の延伸技術により開発した二軸延伸ナイロンフィルムです。プラスチックフィルムの中で、強靭性、柔軟性、耐破裂性などに比類のない特性を持っています。標準品の他に、易接着、帯電防止、易引裂、耐衝撃およびPVDC（ポリ塩化ビニリデン系樹脂）コート品などの種々な機能を備えた製品シリーズで、幅広いニーズにお応えしています。

エンブレム・エンブレムDCの規格

厚み（μm）	巾（mm）	巻長（m）	紙管
15	500～ （20mmピッチ）	4000	3インチ
		6000	
25	500～ （20mmピッチ）	4000	

※上記規格以外は加工費用の負担をお願い致します。

エンブレムの銘柄

グレード	銘柄	厚み（μm）	タイプ	処理 内面	処理 外面	特徴
標準	ON	15、25	一般、RT	コロナ		標準品です。ほとんどの用途に使用できます。
	ONBC	15 ［25］	一般、RT	コロナ	コロナ	標準品の多層ラミの中使い用です。
易接着	ONM	15、25	一般、RT	易接着 コロナ		耐水易接着タイプです。密着性向上により特に、ボイル、レトルト用途に有効です。
	ONMB	15 ［25］	一般、RT	易接着 コロナ	コロナ	多層ラミの中使い用、耐水易接着タイプです。
帯電防止	ONE	15	一般 ［RT］	帯電防止 コロナ		帯電防止タイプです。粉物用途、埃付着防止などに有効です。
中収縮	MS	15	一般	コロナ		標準品より収縮性能を向上させたタイプです。 100℃5分の熱水収縮率がMD6%、TD4%となっています。
高収縮	NK	15	一般	コロナ		標準品より収縮性能を大幅に向上させたタイプです。 100℃5分の熱水収縮率がMD25%、TD27%となっています。
耐レトルト	NX	15	RT	易接着 コロナ		稀に発生するレトルト処理によるナイロンの劣化を抑制させたタイプです。 耐水易接着性能も有しています。
ノンスリップ	NNEB	15	一般	帯電防止 コロナ	コロナ	難滑タイプで、帯電防止性能も有しています。 米袋用、荷崩れ防止用途などに有効です。
耐衝撃	ONU	15	一般、RT	コロナ		耐衝撃性能向上タイプです。耐衝撃性に加え、耐突き刺しピンホール性も向上しており、冷凍食品、氷用途などに有効です。
		25	一般	コロナ		
耐衝撃 易接着	ONUM	15	一般、RT	易接着 コロナ		耐衝撃性能向上タイプのONUに耐水易接着性能も付与したタイプです。
ハイスリップ	NH	15	一般、RT	コロナ		スリップ性を向上させたタイプで、高湿度環境下においてもスリップ性の悪化を低減します。自動充填用途やパウダーレス用途、また、袋取り不良対策などにも有効です。
易引裂	NC	15	一般	コロナ		MD方向の直線カット性能を有したタイプです。
	NCBC	15	一般	コロナ	コロナ	MD方向の直線カット性能を有したタイプの多層ラミの中使い用です。
艶消し	［NZ］	［15］	一般	コロナ		ヘーズ50%の艶消しタイプです。
環境対応 （CE）	CEN	15	一般	コロナ		ケミカルリサイクルとマテリアルリサイクルによる再生樹脂を使用したタイプです。
	CENB	15	一般	コロナ	コロナ	CENの多層ラミの中使い用です。

※RT：袋のひねり防止、自動給袋用
※［　］の製品につきましては営業担当者にお問合せください。

UNITIKA ユニチカ株式会社
フィルム事業部包装フィルム営業部
大　阪　〒541-8566　大阪市中央区久太郎町4-1-3（大阪センタービル）　電話06（6281）5553
東　京　〒103-8321　東京都中央区日本橋本石町4-6-7（日本橋日銀通りビル）　電話03（3246）7586
（ユニチカフィルムホームページ）http://www.unitika.co.jp/film/

エンブレムDCの銘柄

グレード	銘柄	厚み（μm）	タイプ	処理		特徴
				内面	外面	
標準	DCR	15	一般	PVDC コート		ベースのナイロンがONグレードのPVDCコートタイプです。 酸素バリア性は、65ml（20℃×65%RH）となっています。
	DCS	15	一般	コロナ	PVDC コート	DCRグレードの多層ラミの中使い用です。
	DCR（K）	25	一般	PVDC コート		ベースのナイロンがONグレードのPVDCコートタイプです。 酸素バリア性は、50ml（20℃×65%RH）となっています。
	DCKU	15	一般、RT	PVDC コート		ベースのナイロンがONUグレードのPVDCコートタイプです。 酸素バリア性は、45ml（20℃×65%RH）となっています。

※RT：袋のひねり防止、自動給袋用
※［　］の製品につきましては営業担当者にお問合せください。

ユニチカ　「エンブレム®」バリアナイロンフィルム

エンブレムバリアナイロンは、ボイル・レトルト処理可能な、新しいタイプのハイガスバリア性のフィルムです。ナイロンの強靭性と耐熱ハイガスバリア性を両立した、コーティングタイプのフィルムです。

エンブレムバリアナイロンの規格

厚み（μm）	巾（mm）	巻長（m）	紙管
15、25	500～ （20mmピッチ）	4000	3インチ

※上記規格以外は加工費用の負担をお願い致します。

エンブレムバリアナイロンの銘柄

グレード	銘柄	厚み（μm）	処理		特徴
			内面	外面	
ハイバリア	HG	15、25	コート		ボイル・レトルト専用のハイバリアタイプ。 ボイル・レトルト処理することで酸素バリア性が5ml以下（20℃×65%RH）になります。
	HGB	15、25	コロナ	コート	ハイバリア品で多層ラミの中使い。
	NV	15	コート		ボイル・レトルト対応可能なハイバリアタイプ。 ボイル・レトルト処理することで酸素バリア性が5ml以下（20℃×65%RH）になります。
	NVB	15	コロナ	コート	ハイバリア品で多層ラミの中使い。

※［　］の製品につきましては営業担当者にお問合せください。

ユニチカ　ナイロン系複層フィルム「エンブロン®」

エンブロンは、ユニチカが独自に開発した延伸技術による強靭性と高ガス遮断性を兼ね備えたナイロン系複層フィルムです。従来のフィルムにはない性能を備え、食品包装における多様化に対応したフィルムです。MXDやEVOHをバリア層に用いた製品をラインナップしています。

エンブロンの規格

厚み（μm）	巾（mm）	巻長（m）	紙管
15、25	500～ （20mmピッチ）	4000	3インチ

※上記規格以外は加工費用の負担をお願い致します。

エンブロンの銘柄

グレード	銘柄	厚み（μm）	処理		特徴
			内面	外面	
エンブロンM Ny/MXD/Ny	M200	15 [25]	コロナ		酸素バリア性は60ml（20℃×65%RH）となっています。
	M800	15	コロナ		酸素バリア性は80ml（20℃×65%RH）となっています。耐ピンホール性能に優れております。
エンブロンE Ny/EVOH/Ny	E600	15 [25]	コロナ		酸素バリア性は15ml（20℃×65%RH）となっています。

※［　］の製品につきましては営業担当者にお問合せください。

UNITIKA ユニチカ株式会社
フィルム事業部包装フィルム営業部
大　阪　〒541-8566　大阪市中央区久太郎町4-1-3（大阪センタービル）　電話06（6281）5553
東　京　〒103-8321　東京都中央区日本橋本石町4-6-7（日本橋日銀通りビル）　電話03（3246）7586
（ユニチカフィルムホームページ）http://www.unitika.co.jp/film/

ユニチカ　ナノコンポジットガスバリアフィルム「セービックス®」

セービックスは、ナノコンポジット技術により非塩素系・非金属系素材の超ハイガスバリア性を有する、コートタイプのフィルムです。

セービックスの規格

巾(mm)	巻長(m)	紙管
500～(20mmピッチ)	4000	3インチ

※上記規格以外は加工費用の負担をお願い致します。

セービックス® YON(バリアナイロンフィルム)

銘柄	厚み(μm)	処理		特徴
		内面	外面	
YHN	15	コート		標準品です。
YHNB	[15]	コロナ	コート	標準品の多層ラミの中使い用です。
YON	[25]	コート		標準品です。
YONB	[25]	コロナ	コート	標準品の多層ラミの中使い用です。
[YNC]	[15]	コート		MD方向の直線カット性能を有したタイプです。
[YNCB]	[15]	コロナ	コート	MD方向の直線カット性能を有したタイプの多層ラミの中使い用です。
[YNZ]	[15]	コート		ヘーズ50%の艶消しタイプです。

セービックス® YPET(バリアポリエステルフィルム)

銘柄	厚み(μm)	処理		特徴
		内面	外面	
YPT	12	コート		標準品です。
[YPTB]	[12]	コロナ	コート	標準品の多層ラミの中使い用です。
[YPC]	[12]	コート		MD方向の直線カット性能を有したタイプです。
[YPCB]	[12]	コロナ	コート	MD方向の直線カット性能を有したタイプの多層ラミの中使い用です。
[YPZ]	[12]	コート		ヘーズ50%の艶消しタイプです。

セービックス® YOP(バリアポリプロピレンフィルム)

銘柄	厚み(μm)	処理		特徴
		内面	外面	
YOP(M)	20	コート		標準品です。
[YOPB]	[20]	コロナ	コート	標準品の多層ラミの中使い用です。
[M2]	[20]	コート		マット調です。
[M2B]	[20]	コロナ	コート	マット調の多層ラミの中使い用です。

※［　　］の製品につきましては受注生産になります。営業担当者にお問合せください。

ユニチカ　ポリエステル「エンブレット®」「エンブレット® DC」

エンブレットは、ユニチカで培った延伸技術および素材技術によって生まれた二軸延伸ポリエステルフィルムです。機械的強度、寸法安定性、耐熱性、加工適性などの優れた特性をバランスよく兼ね備えています。標準品の他に、易接着、帯電防止、易引裂、艶消し、蒸着用およびPVDC(ポリ塩化ビニリデン系樹脂)コート品などの種々な機能を付与した製品シリーズで、食品包装をはじめ幅広い分野に活用されています。

エンブレットの規格

厚み(μm)	巾(mm)	巻長(m)	紙管
12	500～(20mmピッチ)	8000	3インチ
		12000	
16、25	500～(20mmピッチ)	4000	

※上記規格以外は加工費用の負担をお願い致します。

エンブレットDCの規格

厚み(μm)	巾(mm)	巻長(m)	紙管
12	500～(20mmピッチ)	4000	3インチ

※上記規格以外は加工費用の負担をお願い致します。

エンブレットの銘柄

グレード	銘柄	厚み(μm)	タイプ	処理		特徴
				内面	外面	
標準	PET	12	一般、RT	コロナ		標準品です。
		25	一般	コロナ		
易接着	PTM	12	一般、RT	易接着		易接着タイプです。特にインキ密着性に優れています。
		16	一般	易接着		
	PTMB	12	一般	易接着	コロナ	多層ラミの中使い用易接着タイプです。
帯電防止	PTME	12	一般	帯電防止 易接着		PTMをベースとした帯電防止タイプです。粉物用途、埃付着防止などに有効です。
艶消し	PTH	12	一般	コロナ		ヘーズ20%の艶消しタイプです。艶消しタイプのアルミ蒸着用原反としても有効です。
	PTHZ	12	一般	コロナ		ヘーズ50%の艶消しタイプです。
易引裂	PC	12	一般	コロナ		MD方向の直線カット性能を有したタイプです。
	PCBC	12	一般	コロナ	コロナ	MD方向の直線カット性能を有したタイプの多層ラミの中使い用です。
環境対応(CE)	CEP	12	一般	コロナ		ケミカルリサイクルとマテリアルリサイクルによる再生樹脂を使用したタイプです。
	CEPB	12	一般	コロナ	コロナ	CEPの多層ラミの中使い用です。

※RT：袋のひねり防止、自動給袋用　　※［　　］の製品につきましては営業担当者にお問合せください。

エンブレットDCの銘柄

グレード	銘柄	厚み(μm)	タイプ	処理		特徴
				内面	外面	
標準	KPT	12	一般	PVDCコート		標準PETグレードのPVDCコートタイプです。(酸素バリア値は80ml)

UNITIKA ユニチカ株式会社

フィルム事業部包装フィルム営業部

大　阪　〒541-8566　大阪市中央区久太郎町4-1-3(大阪センタービル)　電話06(6281)5553

東　京　〒103-8321　東京都中央区日本橋本石町4-6-7(日本橋日銀通りビル)　電話03(3246)7586

(ユニチカフィルムホームページ)http://www.unitika.co.jp/film/

OEMによる受注生産を承ります。
お気軽にお問い合わせ下さい。

通気包材（有孔加工）

主にポリプロピレン製フィルムに独自の技術で孔を設けフィルムに通気性機能をもたせます。

用途 食品、花、建材、化学製品、家庭用品など。

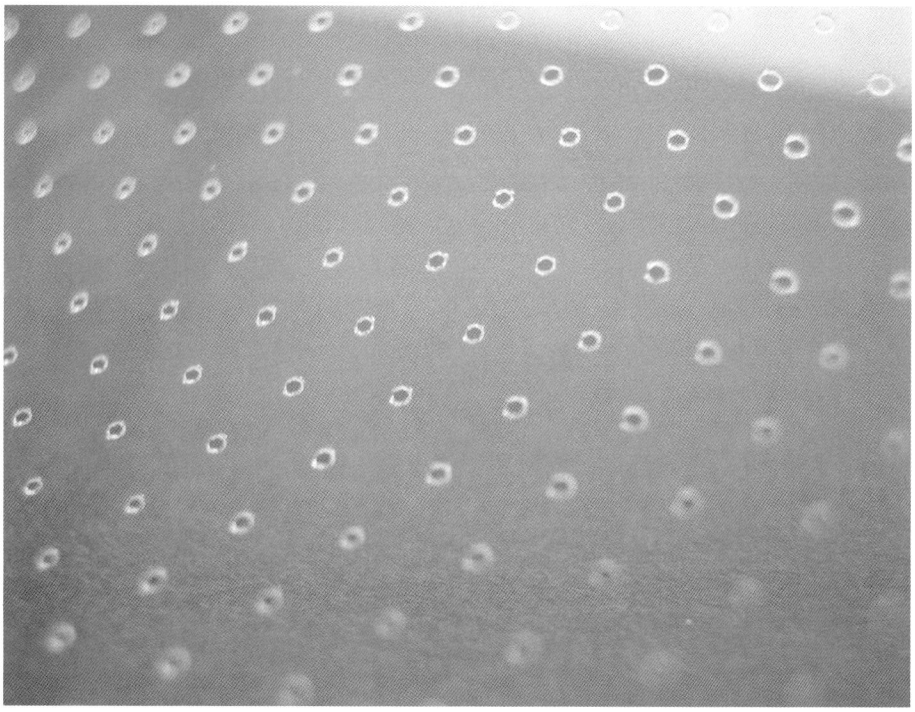

工場の特色

●最新鋭レーザー技術による孔あけ加工
●粘着ローラーによる異物除去装置
●陽圧管理室
※クリーンな環境で製造しています。

株式会社 森　製袋

URL http://www.moriseitai.co.jp
E-mail:info@moriseitai.co.jp

森製袋　検索

本社工場　〒454-0972 名古屋市中川区新家二丁目1504　TEL (052) 432-0548(代)　FAX (052) 431-6835
大治工場　〒490-1143 愛知県海部郡大治町大字砂子字尾崎57　TEL (052) 432-3601　FAX (052) 432-3632

作業効率＋コスト＋環境で資材を考える！

商品を衛生的に保護する、広告塔としてアピールする、商品をより魅力的に演出するなど、包装資材は商品にとって大きな役割を担っています。
しかし環境への配慮や持続可能な資源が見直される中で、包装資材も大きな岐路に立たされています。
コストやロスは目に見えるものばかりではありません。
実際の作業にかかった時間、作業をする準備などの手間、失敗してしまったり、その都度出してしまうゴミ、それら全てが実際のコストでありロスなのです。

だからこそ モット知って欲しい「**加工で変わる資材**」のこと。

そしてその**資材開発**のお手伝いをさせていただきます！

■パッキン加工
定番緩衝材のパッキンです。種類豊富な既製品のほか、少し工夫を加える事で、こだわりの一資材に変わります。

セロパッキン

紙パッキン

1mm　　　　　2mm
他にも多数種類があります

カット巾・あし長

カット巾は3種類。見た目や緩衝性に違いが出ます。

1mm　　2mm　　3mm

あし長は、見た目も若干異なりますが主に作業性に違いが出ます。

通常の長さ　　通常の半分の長さ

印刷パッキン

お好みの柄やメッセージを紙に印刷したものをパッキンにすることができます。
メッセージカードの代わりや、ショップ名やブランド名を入れることもおすすめです。
紙の両面に印刷するとパッキンにした時にまんべんなく柄がでるようになります。

■断裁加工
包む商品に合わせた変形シートは仕上がりも抜群。素材にこだわったり、加工をプラスすることで中身も引き立ちます。

用途：花用シート・食品用掛紙など

包む物や掛ける物の大きさに合わせて、ご希望のサイズに断裁したシートです。
ご希望枚数での梱包も可能です。

用途：鉢用ラップ・ロールケーキなど

包むものの大きさや形に合わせて型を作って抜いたシートです。作業の際にゴミがでず、スピードアップも図れます。

従来にとらわれない

柔軟な発想と広い視野とで

新事業の展開を目指す—

しなやかに未来を包む クオリティ
株式会社オーセロ
〒503-0936
岐阜県大垣市内原 1-75-2
TEL 0584-89-1557　FAX 0584-89-7205
HP http://www.o-cello.co.jp/

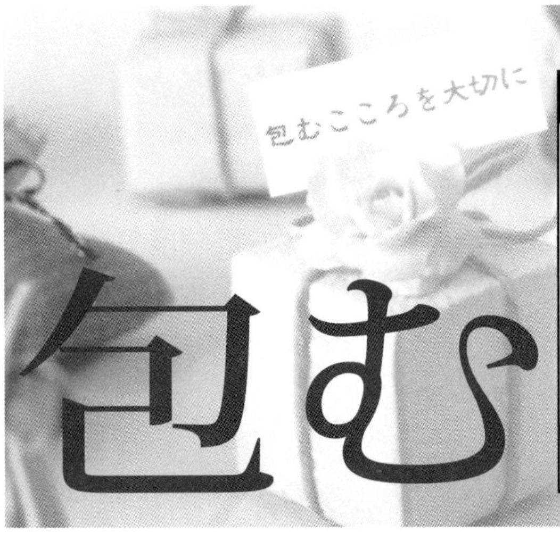

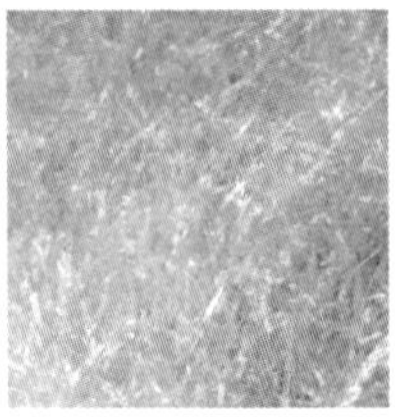

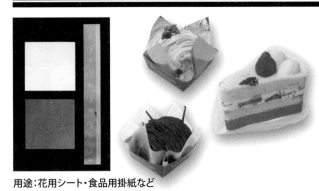

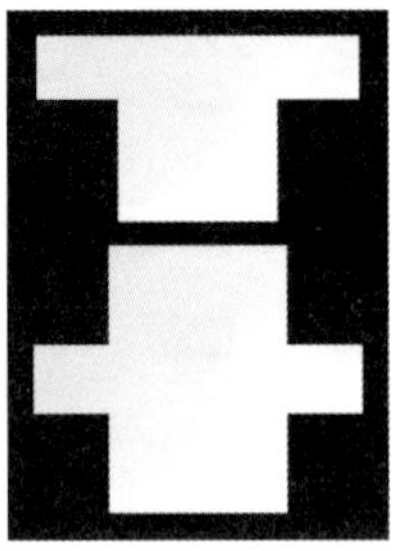

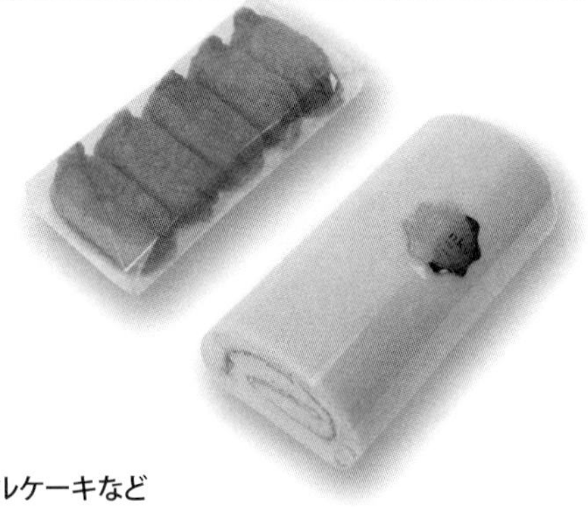

■製袋加工

最も用途に適した袋を使う事で作業性だけでなく、商品も美しく仕上がり、使いやすさもアップします。

平袋
用途：野菜・お菓子・雑貨など

ガゼット袋

用途：野菜・果物・植物など

変形袋
用途：切花・鉢花・
葉野菜・カットスイカ・
キャンディ・クレープなど

■小巻加工

フィルムや不織布等のロールを、扱いやすい重量になるような巻M数や包むものの大きさを考えた巾に加工し作業効率を向上させます。

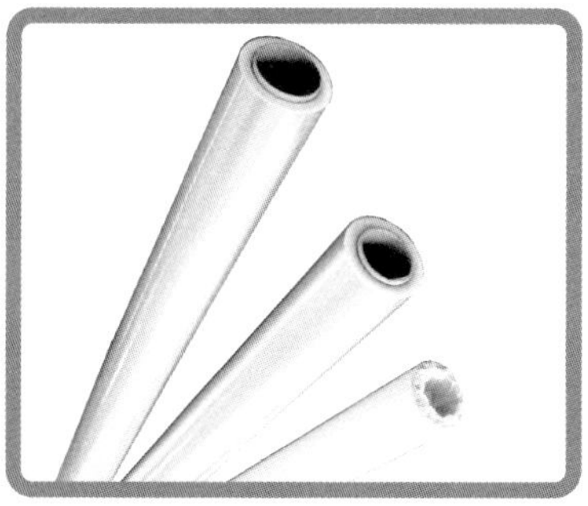

生花や果物、雑貨等の包装用に使用されることが
多いですが、飛沫防止のスクリーンとしての
ご使用もおすすめいたします

※すべてのウィルスの侵入を完全に防ぐものではありません。
　飛沫防止策の一環としてご使用ください。

※感染防止のため、スクリーンフィルムは毎日新しいものに
　取り換えることをおすすめします。

飛沫防止スクリーン使用例

別で用意した紙管に巻き取り、毎日新しい面を使用。
シートを張り替えるよりもお手軽です。

窓口となる分が
開いた状態になります

場所に合わせて
間隔を広げることができます

例

900mm 巾の紙管に 700mm 巾の
フィルムを巻き、下部を 200mm
開けました。

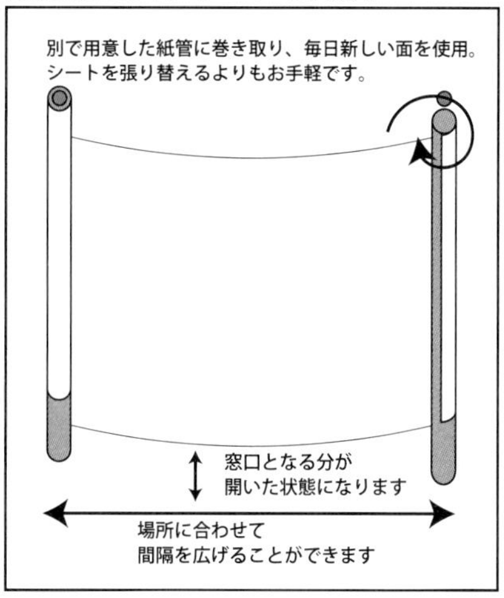

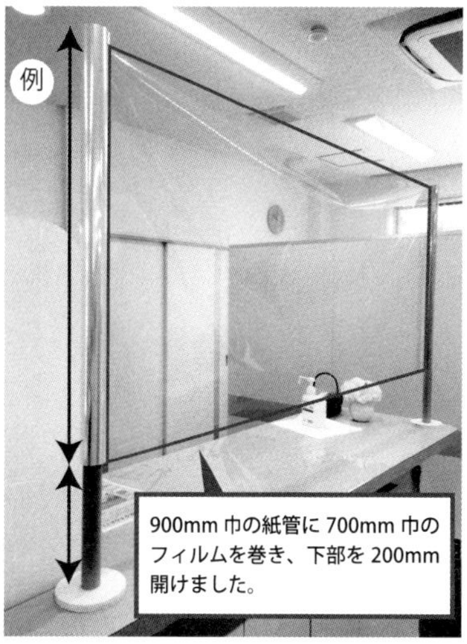

■不織布折り加工

医療やメイク用のシート、ポケットティッシュ等の様々な形状の折り加工を行います。

※四つ折り、六つ折り、八つ折り、
　ポケットティッシュ折り等、さまざまな折り方が可能です。

従来にとらわれない

柔軟な発想と広い視野とで

新事業の展開を目指す―

しなやかに未来を包む クオリティ
株式会社 オーセロ

〒503-0936
岐阜県大垣市内原 1-75-2
TEL 0584-89-1557　FAX 0584-89-7205
HP　http://www.o-cello.co.jp/

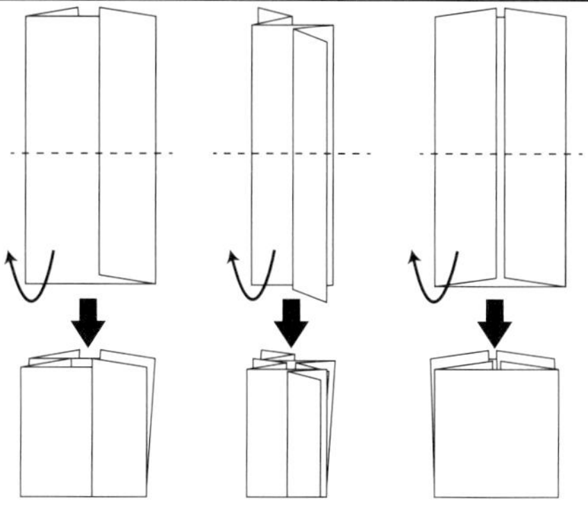

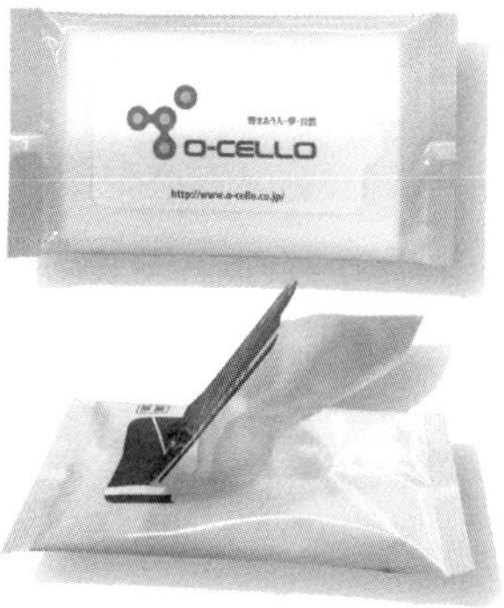

五層ナイロンポリ規格袋

しん重もん

65μ・75μのラインナップで合計112サイズ
高強度五層チューブ規格袋！

シグマチューブ

サイドシールを取り除いてエコロジー・省コスト
60μ・70μのラインナップで合計133サイズ！

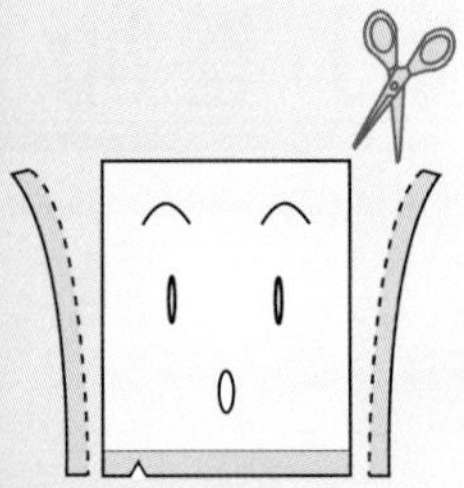

彊美人《きょうびじん》

しなやかで美しく使いやすいナイロンポリ三方袋
70μ・80μ・90μ合計178サイズ、最強のラインナップ！

ハイバリア彊美人《きょうびじん》

脱酸素剤を使える彊美人のハイバリア版
ハイバリアなのにしなやかな柔軟性

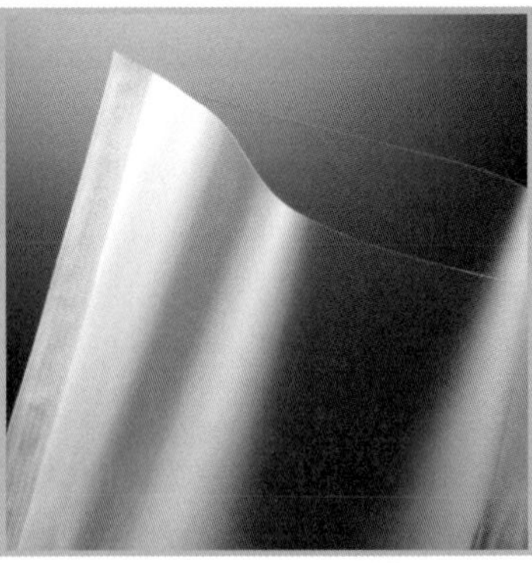

チルドポーク

豚肉用真空規格袋
作業性抜群！ 開口性良好、重ねシール可能

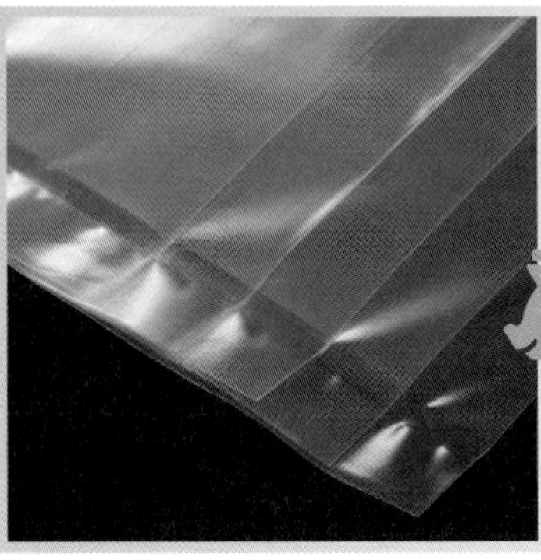

深絞り用フラットフィルム

透明性と光沢感に優れる美しいフィルムが内容物を引き立てます。
低温での成形性が良いため、きれいに成形できます。
ラミネート用の原紙としてもお使いいただけます。

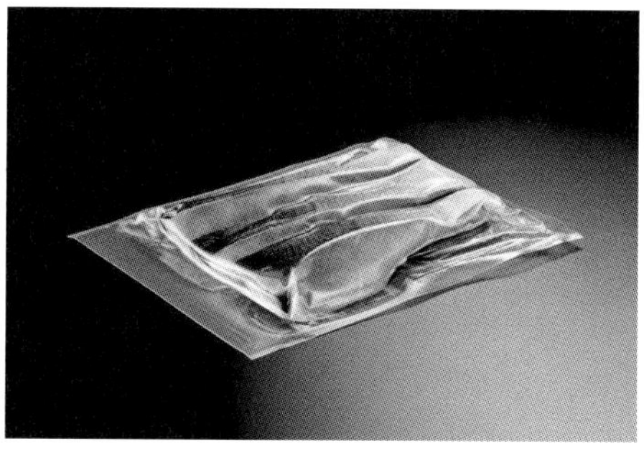

ミドルバリア

タイプ名	使用条件			構　成	備　考
	ボイル	レトルト	冷 凍		
NF	○		○	NY/接/PE	
NNLF	○		○	NY/接/NY/接/PE	耐ピンホール
PNLF	○		○	PP/接/NY/接/PE	
LNLF	○		○	PE/接/NY/接/PE	
NPF		○		NY/接/PP	レトルト対応
BNLF	○		○	PBT/接/NY/接/PE	保香性

※EP:イージーピール

ハイバリア

タイプ名	使用条件			構　成	備　考
	ボイル	レトルト	冷 凍		
NVLF			○	NY/接/EVOH/接/PE	
VNLF			○	EVOH/NY/接/PE	
NMZF	○		○	NY/接/MX-NY/接/PE	ハイバリアナイロン・ボイル可能

製造範囲サイズ　厚み60～220μ　幅220～880mm
※厚み・幅等が限界範囲近くの場合は別途ご相談ください。
※タイプ・グレードにより製造厚み・幅が異なります。

規格原反 PNLF-FK

(単位:巻)

厚み＼幅	357mm	362mm	422mm	462mm
90μm	−	−	500m	−
120μm	500m	−	500m	500m
130μm	500m	500m	500m	−
150μm	500m	500m	400m	−
180μm	400m	400m	300m	−

※幅は1mm刻みで+2mmまで対応可能。

左表の巻きmにて規格原反を在庫。
2巻以上にて短納期出荷が可能です。
フィルム構成はPNLFと同様です。

ユーザーの声をフィルムに表現する
クリロン化成株式会社
お問い合わせは下記またはＨＰへ　https://www.kurilon.co.jp

北海道営業所	〒047-0011	北海道小樽市天神 1-15-1	TEL：0134-29-0461	FAX：0134-29-0470
東北営業所	〒980-0803	仙台市青葉区国分町 3-1-1	TEL：022-217-0288	FAX：022-217-0287
東京営業課	〒151-0073	東京都渋谷区笹塚 3-2-15	TEL：03-3377-7811	FAX：03-3377-7956
名古屋営業所	〒464-0075	名古屋市千種区内山 3-8-10	TEL：052-733-3773	FAX：052-733-3776
大阪営業課	〒533-0003	大阪市東淀川区南江口 1-3-20	TEL：06-6328-6951	FAX：06-6328-6950
岡山営業所	〒701-0212	岡山県岡山市南区内尾 421	TEL：086-282-1181	FAX：086-281-1910
九州営業所	〒810-0073	福岡市中央区舞鶴 2-1-10	TEL：092-720-6565	FAX：092-720-6550

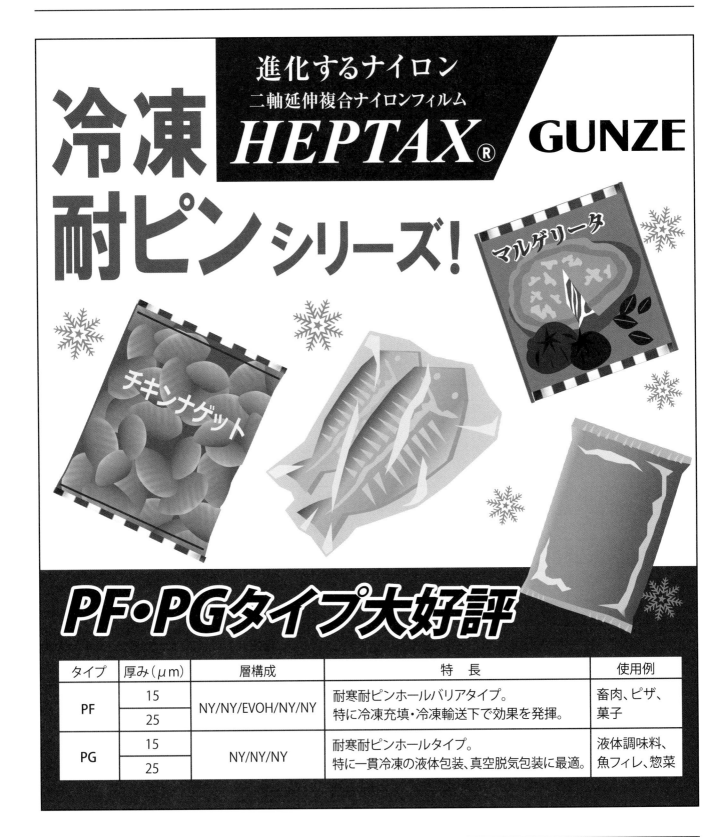

新商品

Essential Technology for Everyday Life

身近なところで、見えない技術が、グンゼの技術

サステナブル収縮フィルム

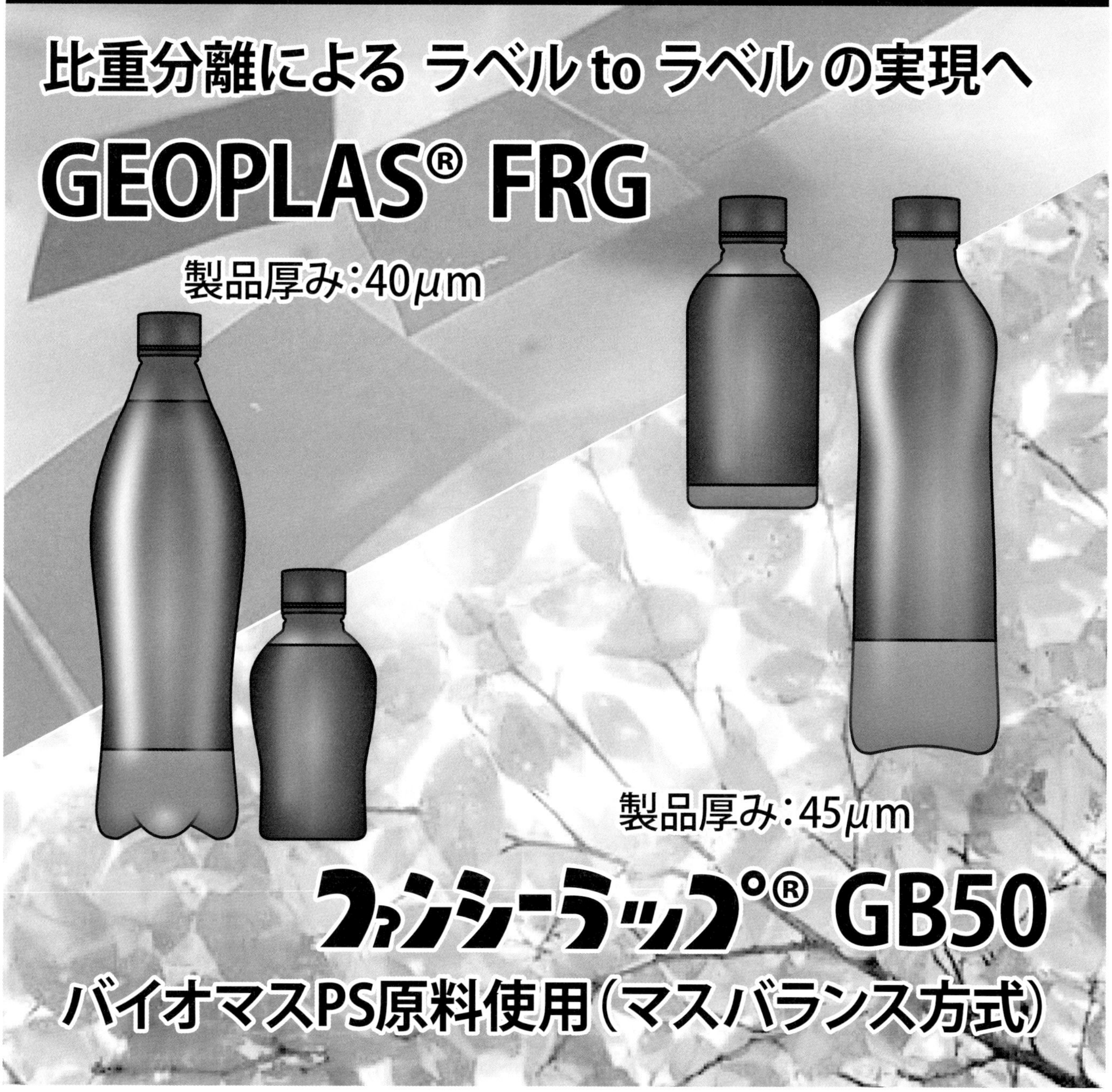

グンゼ株式会社　プラスチックカンパニー　https://www.gunze.co.jp/plastic/

※各製品についての詳細については、下記連絡先までお気軽にお問合せください。

大阪本社　〒530-0001　大阪市北区梅田2-5-25（ハービスオフィスタワー21階）
TEL：（06）7731-5800　FAX：（06）7731-5858
東京支社　〒105-7315　東京都港区東新橋1-9-1（東京汐留ビルディング15階）

あらゆる包材の開封に… OKカットシリーズ

まだ開封性でお悩みですか？

まだ開封性でお悩みですか?
もしそうであれば、ぜひ一度
OKカットシリーズをお試しください。
あらゆるタイプの包材に
ベストの開封性を付加します。
もう開封性で悩む心配はありません。

特　徴

☆開封がしやすく、消費者にやさしい包材です。
☆自動包装機用のロール供給が可能です。
既設の包装機に適用できます。
☆袋での供給も可能です。

バリアフリーにも OK!

開封しやすい

右のページもご覧ください。

OKカットシリーズのご相談は…

岡田紙業株式会社

本　　社　〒541-0057　大阪市中央区北久宝寺町4丁目4番16号　TEL 06-6251-9871(代表)
東京支店　〒103-0021　東京都中央区日本橋本石町3丁目1番2号 FORECAST新常盤橋 8F　TEL 03-3548-0321(代表)
email: info@okpack.co.jp

あらゆる包材の開封に…

OKカットシリーズ

詳しくは
当社WEBSITEで
okpack.co.jp

あらゆる包装形態に対応したイージーオープンシステム。それがOKカットシリーズです。

GAL《ガル》フィルム

●手で容易に引き裂けます。(ノッチ不要)
●従来のフィルムよりもコストダウンできます。

◆構成例…グラシン紙/PE15/AL#9/PE20/PVDC
◆用　途…各種食品、医薬品(粉末、顆粒)のスティック包装

Hi-GAL《ハイガル》フィルム

●従来、ノッチなしでは開封できなかったフィルムも、特殊なカットライン(ミシン目)加工を施すことによって、ノッチなしでもカットできます。
●スティック包装に最適です。液体にも適用できます。

◆構成例…PET#12/PE15/AL#9/PE20/PE#30
◆用　途…各種食品、医薬品(粉末、顆粒、液体、固体)のスティック包装、ピロー、三方シール、四方シール包装

Hi-GAL リニアカットフィルム

●特殊なカットライン加工が包材の裂ける方向をコントロールし、直線的な開封口が得られます。また、ノッチ効果も併せ持ちます。

◆構成例…PET#16/PE15/AL#7/PE40
◆用　途…Hi-GALよりも広い開口部を必要とするもの(スタンディングパック等)により適しています。

PAL《パル》フィルム

●どの位置からでも開封可能です。
●プラスチックフィルムの強すぎる悩みを解消。

◆構成例…PET#16/PE15/AL#9/PE40
◆用　途…各種食品、医薬品(粉末、顆粒、液体、固体)の三方シール、四方シール包装

バリアフリーにも OK!

●各種包材設計いたします。
お気軽にお問い合わせください。

OKカットシリーズのご相談は…

岡田紙業株式会社

本　　社　〒541-0057　大阪市中央区北久宝寺町4丁目4番16号　TEL 06-6251-9871(代表)
東京支店　〒103-0021　東京都中央区日本橋本石町3丁目1番2号 FORECAST新常盤橋 8F　TEL 03-3548-0321(代表)
email: info@okpack.co.jp

各種プラスチック
フィルム
OPP
CPP
LLDPE
PET
セロハン
「暮らしを」「街を」「地球を」
優しく包み込むテクノロジー
フタムラ化学株式会社

Mylar® FDA、EU食品規制承認グレード

特徴的な性能	タイプ名	タイプ　説明	特徴的な物性	厚み
汎用	Mylar® 800	透明、ハンドリング性	易滑性　摩擦係数　0.5、 ヘーズ値　12mic 4%,19mic 6%, 熱収縮　190℃、5分、MD 2.5%,TD 0.5%	12・19・23・36
汎用、高透明	Mylar® 800LH	ハンドリング性を維持した高透明	ヘーズ:12mic 2.4%, 19mic 2.6%	12・19
環境対応(PCR材料使用) ※新規開発	Mylar® 812R	片面易接着処理　EUにおける再生プラスチック原料の食品接触用途向け規制 Regulation (EC) 282/2008適合 再生PET原料チップ50%使用	ヘーズ:19mic 6.8%, 23mic 8.1%, 30mic 8.8%	12(開発中)・19・23・30
押出コーティング·ラミネーション用	Mylar® 820	片面易接着処理	易接着性(Surlyn®等押出ラミネーション樹脂)	12
低熱収縮	Mylar® 806	800タイプ設計、低熱収縮	熱収縮　190℃、5分 MD 2.4%, TD 0.2%	12
印刷易接着	Mylar® 813O	800タイプ設計、片面易接着（標準　外面）	溶剤系インキ、コーティング易接着	12・19・23・36
	Mylar® 813LH	800LHタイプ設計、片面易接着（標準　外面）	溶剤系インキ、コーティング易接着	12・19
	Mylar® 813T	813Oタイプ設計、 ビニルインキに対する密着性向上	滅菌後、ビニルインキに密着性向上	12
	Mylar® 816	813タイプ設計、両面易接着処理	溶剤系インキ、コーティング易接着	12
蒸着易接着	Mylar® 841O	片面蒸着易接着(標準　外面)	アルミ蒸着に最適	12
成形性改善	Mylar® 808	成形性改善、低TD熱収縮	45度配向の機械物性改善、 45度　破断伸度　65%以上	12・23
高透明	Mylar® 405/406	共押出、高透明、平滑、片面又は両面易接着、 ハンドリング性良好	ヘーズ:23mic 0.7%, 36mic 0.8%, 50mic 1%, 71mic 1.3%, 96mic 1.5%	23・36・50・71・96
	Mylar® 401CW	超高透明、片面易滑処理、 ハンドリング性良好、ナーリング有	ヘーズ:50mic 0.6%, 75mic 0.7%, 100mic 0.8%	50・75・100
白色	Mylar® 896	食品規制承認　白色、易接着		50
	Mylar® 899	食品規制承認　パール純白、 両面易接着(工業用339タイプ同等品)		36・50・75・100・125
薄物汎用	Mylar® FA	透明、極薄、食品規制承認		3.5・4.5・4.8・6.0
汎用	Mylar® FA	透明、食品規制承認、厚物		23・36・50・75・100
低熱収縮	Mylar® FADS	低熱収縮、食品規制承認	熱収縮　105℃、30分　MD 0.1%, TD 0%, 150℃、30分 MD 0.5%, TD 0.3%	50・75
熱収縮	Mylar® FHS	未処理、透明、熱収縮(シュリンク)	熱収縮、沸水1分 MD 43%, TD 40%	16・37.5
パーマネントシール (ロックシール)	Mylar® 850	食品用　共押出　片面ヒートシール（標準　外面)、ヒートシール面　防曇加工、非吸着性、接着良好（APET/CPETトレイ、APET押出ボード、PVdC、PVC、紙、アルミ箔）	シール強度: シール面同士 シール条件 140°C,40psi,1秒 15mic-750, 20mic-800, 30mic-1000g/25mm APET/CPET tray シール条件 180°C,80psi,1秒 >1000g/25mm 推奨ラミネート温度 °C 140-220	12・15・20・30
	Mylar® 852	850と比較し、ヒートシール層の易滑性向上、 ハンドリング性向上	易滑性　摩擦係数 Seal/Seal 0.5、Plain/Plain 0.4	15・20・30
	Mylar® 853	ヒートシール反対面　易接着処理	溶剤系インキ、コーティング易接着	15・20・30
	Mylar® 850AF	食品用　共押出　片面ヒートシール （標準　外面)、ヒートシール面　防曇加工	防曇性能(低温～高温)	15・20・30
イージーピール	Mylar® OL 製品群	APET系耐熱イージーピール　ヒートシール、オフラインコート、最高使用温度·直接コンタクト制限無し、非吸着性、防曇/易接着/バリア等の付加機能	耐熱シーラント(APET, CPET, PVC, PVdC, アルミ、紙トレーなど)、シール·ピール強度、ホットタック性、接着開始温度などの調整が可能	14・19・25・40
	Mylar® OLAF	耐熱イージーピール、防曇	防曇性能(低温～高温)	14・28・33・39
	Mylar® RL 製品群	オレフィン系イージーピール　ヒートシール、オフラインコート、最高使用温度·直接コンタクト121℃、防曇/易接着/バリア等の付加機能	シーラント(APET, PP, PS等)、シール·ピール強度、ホットタック性、接着開始温度などの調整が可能	14・19・25・40
	Mylar® CL	耐熱イージーピール、キャップライナー用途(キャップ中蓋)、ラミネート温度82℃以上にて高いシール強度。	シール強度 シール面同士(120℃、0.25秒) 250g/25mm	14・25

問い合わせ先:デュポン株式会社　フィルム事業部

〒103-0012 東京都中央区日本橋堀留町2-3-5 木下ビル9階

TEL.03-3527-3021(代)　FAX.03-3527-3020

アルミ蒸着

◆特性

①バリア性向上と紫外線等の光線遮断により内容物の酸化および劣化を防ぎます。
②美麗な金属光沢をもち、高級感が得られます。
③印刷ラミネート適性は良好です。
④アルミ箔に比べ屈曲性と耐ピンホールに優れています。
⑤中身の見えるハイバリアパッケージ用として透明蒸着フィルムもあります。

◆アルミ蒸着フィルム一覧　　☆新タイプ

品　名		タイプ	厚み	透湿度	酸素透過度	特　徴	用　途
PET蒸着	ダイアラスター	☆ SX (超ハイバリア)	12	0.15	0.15	超ハイバリア ノンボイルタイプ	アルミ箔代替・医薬・サプリ 粉末、賞味期限延長
		ST (強密着)	12	0.8	1.0	アルミ密着強度良好 ノンボイルタイプ	スナック食品 乾燥食品
		HE (強密着)	12	1.0	1.0	アルミ密着強度良好 耐水密着	スナック食品 蓋材・液体包装
		H27 (耐水加工)	12	1.5	0.4	耐水強密着 ボイル・セミレト	蓋材・液体包装 強耐水密着用途
		UH (艶消し)	12	1.5	1.5	艶消し光沢	茶袋 梱包被覆材・保冷バッグ
		☆ BE (錫蒸着バリア)	12	0.8	0.8	絶縁性バリア蒸着 電子レンジ・金探使用可能	冷凍食品・ICタグ包装 レンジアップ食品
CPP蒸着	サンミラー	CP-FG (一般)	20,25	1.0	25.0	低温ヒートシール 光沢良好	スナック・キャンディー チョコレート　内袋
		CP-FGK (強密着)	25	0.5	10.0	低温ヒートシール アルミ密着力良好	スナック外装 大袋製袋用
		CP-FGD (超低温)	20,25 30,40	0.5	15.0	超低温ヒートシール アルミ密着力良好	スナック・キャンディー チョコレート　高速充填包装
		☆CP-VR (超強密着)	30,40	0.5	8.0	超低温ヒートシール アルミ密着、シール強度アップ	チャック付製袋 モノマテリアル用途
OPP蒸着	サンミラー	BOF-N (一般)	25	0.8	20.0	光沢良好	単体ラッピング包装

上記データは、一定条件下で求めた測定値であり保証値ではありません。

◆透明蒸着フィルム一覧　　☆新タイプ

品　名		タイプ	厚み	透湿度	酸素透過度	特　徴	用　途
PET蒸着	ファインバリヤー	☆ AX-R (コート有)	12	0.2	0.1	ボイル／レトルト処理可能 印刷・内容物・ELラミ適性良好	ボイル／レトルト食品 超ハイバリアタイプ
		AH-R (コート有)	12	0.4	0.4	ボイル／レトルト処理可能 印刷・内容物適性良好	ボイル／レトルト食品 ハイバリアタイプ
		AT-R (コート有)	12	1.0	1.5	ボイル／レトルト処理可能 印刷適性良好	ボイル／レトルト食品 一般バリアタイプ
		AT-G (コート有)	12	1.0	1.5	ノンボイル 印刷適性良好	乾燥食品、雑貨 一般バリアタイプ
		A (コート無)	12	1.5	2.0	ボイル／レトルト処理可能 ノンコート	無地袋、液体個装 一般バリアタイプ

上記データは、一定条件下で求めた測定値であり保証値ではありません。

◆各種委託加工

水洗パスター加工・印刷後蒸着加工・各種コート加工・アルミ以外の特殊蒸着加工などもご用命承っております。

株式会社 麗光 包材販売課　　http://www.reiko.co.jp
本　　社／〒615-0801 京都市右京区西京極豆田町19番地
TEL(075)311-4103　FAX(075)311-3862
東京支店／〒110-0016 東京都台東区台東4丁目8番7号 ヒューリック仲御徒町ビル6階
TEL(03)3833-9807　FAX(03)3833-9806
お問い合わせ先 — 包材販売課 **(075)311-4103**(直通)

サンライトホイル（転写箔）

	用途	品名	対象素材	特徴	使用例・使用条件
一般転写箔	紙用	SP-AE	一般コート紙、各種ラミネート紙、各種インキ紙	接着汎用性が広い、耐摩耗性良好	紙器·ラベル シリンダー機:130〜180℃　UPDOWN機:110〜130℃
		23228	一般コート紙、各種ラミネート紙、各種インキ紙	接着汎用性が広い	紙器·ラベル シリンダー機:160〜190℃　UPDOWN機:110〜130℃
		MT-95	一般コート紙、粗面紙	埋まり性良好	紙器·ラベル シリンダー機:160〜190℃　UPDOWN機:110〜130℃
	プラスチック用	23024	ABS、AS、PS	低温接着性良好	雑貨 UPDOWN刻印:120〜150℃　ラバー刻印:160〜210℃
		PHR-WA	PP、ABS、AS、PS	耐内容物性良好	化粧品、雑貨 円周押し:210〜240℃
		ECHO	PE、PET、PP、ABS、AS	接着汎用性良好	雑貨、レザー UPDOWN刻印:110〜140℃
		FD-30	ABS、AS、PC	耐摩耗性良好	弱電 UPDOWN刻印:110〜140℃　ラバー刻印:170〜200℃
		BSH-40M	ABS、AS、PS	UV硬化タイプ、耐摩耗性、物性良好	キャップ、雑貨 円周押し:240〜260℃
各種金属箔・全面転写箔	Alハーフ箔	PF-500	PMMA、PC	スクリーン印刷適性良好、耐熱性良好、各種透過率対応	弱電 ロール転写:200〜220℃
	Snハーフ箔	PF-810	PMMA、PC	スクリーン印刷適性良好、耐熱性良好、各種透過率対応	弱電 ロール転写:200〜220℃
	絶縁箔	CB-ET（Sn）	一般コート紙、ラベル、ウェルダー加工用素材	絶縁性良好	紙器·ラベル シリンダー機:160〜190℃　UPDOWN機:110〜130℃
	クロム箔	SE-34	ABS、AS、PS	耐摩耗性良好、物性良好	自動車内外装 ロール転写:190〜220℃
		85080	ABS、AS、PS	耐摩耗性良好、物性良好	自動車内装 ロール転写:190〜220℃

oike 尾池メタリックデザイン株式会社

□本　社　〒601-8123　京都市南区上鳥羽南塔ノ本町8番地1　TEL.075-748-8637　FAX.075-694-4050
□東京営業　〒103-0023　東京都中央区日本橋本町3-8-5　日本橋ライフサイエンスビルディング5 8F　TEL.03-5695-6333　FAX.03-5695-6336

包装材料用商品

	品名	ベース	タイプ名	厚み(μm)	特長	蒸着強密着	フィルム面
アルミ蒸着	テトライト	PET	EXE	12	両面強密着	○	易接着
			EXC	12		○	コロナ
			EX-HL	12	超高光沢	○	
			EXM	12	マット調	○	
			PC	12	汎用·高光沢	○	コロナ
			JC	12	汎用	耐水	コロナ
			CAPT	9	低重量(容リ法対策)	○	コロナ
			MY	12	マット調		
			DSP	19	ヒネリ		
	ピーブライト	CPP	LX	20,25,30	低温ヒートシール	○	ヒートシール
	ナイロン	NY	BK	15	トップシール用	ボイル	コロナ
			HWC	15	耐水性	耐水	コロナ
	品名	ベース	タイプ名	厚み(μm)	特長	トップコート	耐熱性
透明蒸着	MOS	PET	T-SS	12	高透明		
			T-SK	12	高透明	○	
			T-TK	12	ハイバリア·高透明	○	レトルト
			T-SH	12	ハイバリア·耐久性		レトルト
			TEB	12	直線カット	○	セミボイル
		NY	NYS	15	高透明		
			NYK	15	高透明	○	

oike 尾池パックマテリアル株式会社

□本　店　〒601-8123　京都市南区上鳥羽南塔ノ本町8番地1　TEL.075-748-6724　FAX.075-694-4040
□東京営業　〒103-0023　東京都中央区日本橋本町3-8-5　日本橋ライフサイエンスビルディング5 8F　TEL.03-5695-6331　FAX.03-5695-6337

蒸 着 製 品 一 覧 表

用 途	品 名	品 番	特 長	厚 み
包装材料	VM-PET	SSN·SSN2	一般片面コロナタイプ	12μ
		MWR1	耐水高密着タイプ	12μ
		MWR2	耐水高密着タイプ	12μ
		MWR7	耐水高密着タイプ	12μ
	VM-CPP	SGP	一般ヒートシールタイプ	20μ
		MGP	高密着一般ヒートシールタイプ	25μ
		MLHS	高密着低温ヒートシールタイプ	25·30μ
		MSEL	高密着低温ヒートシールタイプ	25μ
	VM-HDPE	SMUT	ひねりタイプ	25μ
工業材料	————	要相談	————	25～100μ
金銀糸	VM-PET	KTN2	アルミ蒸着、一般金糸用	12μ
		K02·KES	アルミ蒸着、一般金糸用	9·12μ
	AgVM-PET	KNBPS6 他	銀蒸着、白トップ	12μ
		KWT9NT 他	銀蒸着、紙貼用	9·12μ
一般雑貨	VM-PET	SMAT·STH	マットタイプ	12μ
		KTN3 他	厚番手蒸着品	25μ～200μ
		MGLD 他	着色タイプ	12～50μ
	VM-NYLON	SON·SONU	バルーン用·一般タイプ	12μ·15μ
	スタンピングホイル	DRS	布用(シルバー、ゴールド)	12μ
		TB	透明箔	12μ

※その他、設備や用途にあわせた製品にも対応いたしますのでお問合せください。

当社の営業内容／アルミ蒸着・各種コーティング・ラミネート加工全般

製造販売　　アルミ蒸着のパイオニア

Saichi サイチ工業株式会社

QS REGISTERED FIRM
サイチ工業株式会社
JCQA-0757

●本　　部　〒525-0059　滋賀県草津市野路一丁目8番23号(I.O.Rビル2階)　TEL.077-561-9811(代)　FAX.077-569-4647
●大津工場　〒520-2113　滋賀県大津市平野3-1-11　TEL.077-549-1301(代)　FAX.077-549-1544
●栗東工場　〒520-3041　滋賀県栗東市出庭下天白550　TEL.077-552-4393(代)　FAX.077-553-6582
●蛸田工場　〒520-3041　滋賀県栗東市出庭蛸田479　TEL.077-552-2433(代)　FAX.077-552-2454
●古高工場　〒524-0044　滋賀県守山市古高町字北八重738-5　TEL.077-582-7393(代)　FAX.077-582-7397
URL http://www.saichi-kk.co.jp

プラスチック軽量容器

220℃高耐熱C-PET容器 **BAKEQ**

ベイクック 220℃

具材を入れてそのままオーブン調理ができる!

具材を並べてそのまま220℃の加熱調理可能!

盛付作業を簡略化、調理後はフタをするだけで、そのまま**陳列**して素早く販売できます。
作りたてのおいしさをそのまま、お客さまの「**食卓**」**へ届ける**ことができます。

熱 heat-resistant

220℃高温調理可能なプラスチック容器!

ベイクックは、具材を並べてそのまま調理▶封▶輸送▶販売できるオールラウンド容器! 作業の簡略化・時短が可能となり人手不足の課題に対応します。

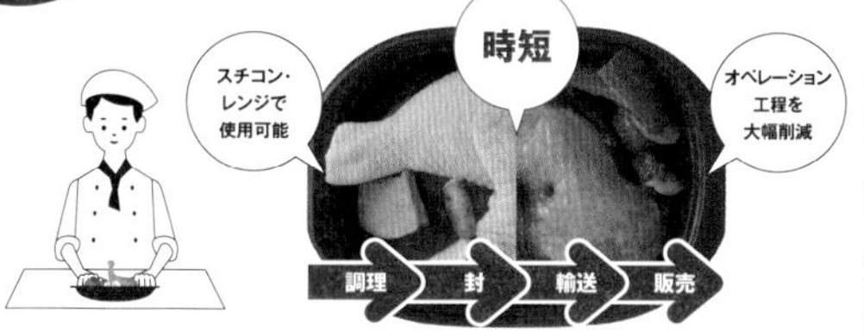

食 many dishes

新「**焼きメニュー**」の**増加**で拡がる**中食市場**を応援!

「ベイクック」は耐熱220℃で、オーブンやスチコンで調理が可能だから、今まで商品化することが難しかった新しい「焼きメニュー」を、増やすことができます。より充実した惣菜コーナー展開で豊な食卓に貢献します。

封 top seal

「**封**」することにかけても**オールラウンド容器!**

ベイクックは、蓋やラップ包装はもちろん、トップシールも可能です。また、トップシールはガス置換することで調理品のさらなるロングライフ化が可能です。

惣菜センターなどで「つくり置き」が可能になり、エンドユーザーも商品の「日持ち」がよくなります。

蓋 fit tightly

加熱前も「**はまる**」、**加熱後**に収縮する容器にも「**はまる**」

加熱による容器の収縮に併せ、加熱後のみ「はまる」通常嵌合のフタに加え、加熱前と後も「はまる」構造を開発。セントラルキッチンなどで加熱調理前の前日仕込みや保存を可能にしました。

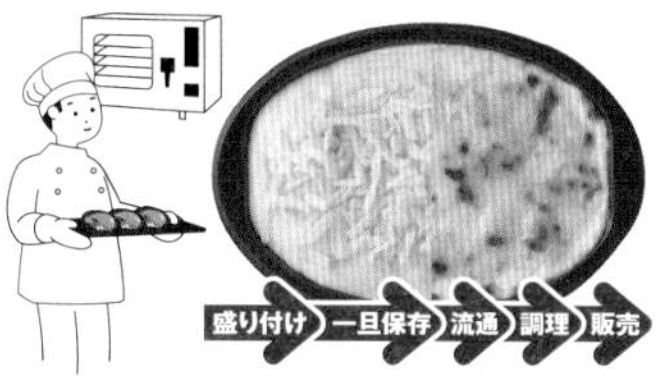

独自開発 **ステップ嵌合フタ**

容器が収縮する「加熱後」も「加熱前」も特殊形状のフタが2段階ではまる仕組みになっています。

独自開発 **スイッチ嵌合フタ**

容器が収縮する「加熱後」も「加熱前」も特殊形状のフタが加熱前は外側、加熱後は内側ではまります。

「ベイクック」商品ラインナップ　トップシールはすべての「BAKEQ」商品に対応できます。 ※トップシール材はお問合せ下さい。

BAKEQ
オーバルロースター500
(外径) W203×D144×H30
(容量) 500cc
(入数) 600枚

BAKEQ
楕円容器350cc
(外径) W185×D126×H30
(容量) 350cc
(入数) 900枚

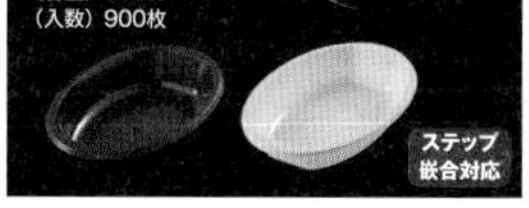

BAKEQ
スクエア300
(外径) W152×D115×H30
(容量) 300cc
(入数) 800枚

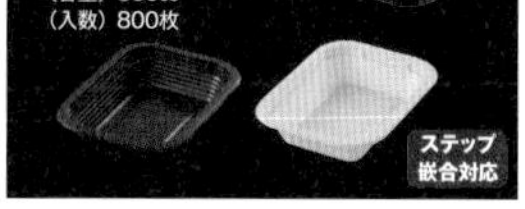

BAKEQ
120角350cc
(外径) W120×D120×H37
(容量) 350cc
(入数) 1,200枚

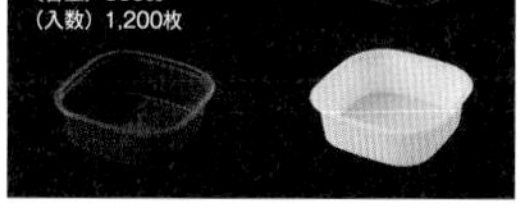

BAKEQ
128φ350cc
(外径) 128φ　H35
(容量) 350cc
(入数) 900枚

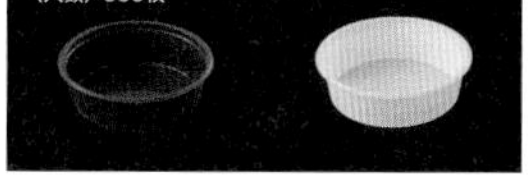

BAKEQ
96φ180cc
(外径) 96φ　H35
(容量) 180cc
(入数) 2,000枚

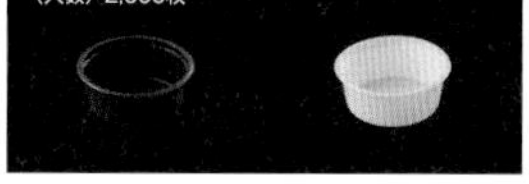

BAKEQ
88φ185cc
(外径) 88φ　H47
(容量) 185cc
(入数) 2,000枚

BAKEQ
66φ60cc
(外径) 65.6φ　H22
(容量) 60cc
(入数) 2,500枚

※お取扱上の注意 :必ずご使用の食材でテストを実施して、適正な加熱条件を設定してください。但し、食材によっては容器が変形する場合がありますので、お取扱いにご注意ください。

吉村化成株式会社
YOSHIMURA KASEI Co.,ltd
TEL: 0745-77-2838
FAX: 0745-76-2839
〒639-0263 奈良県香芝市平野81-1

HP　Facebook　YouTube

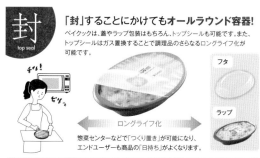

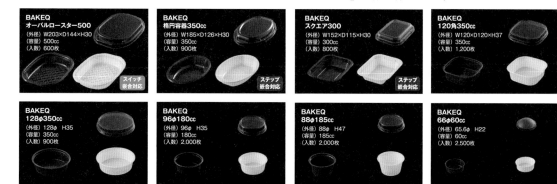

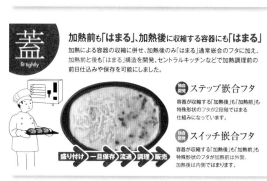

赤松化成 バイオペットコップ
次世代型プラスチック、バイオマスPETを使用した透明コップ
バイオマスPETとは?
植物由来の原料を用いて合成した環境配慮型の樹脂(バイオマス度 5~30%)です
PETの祖原料である石油由来のモノエチレングリコール(MEG)を、植物由来のもので代替、従来型のバイオマスで従来のPETと同等の高機能・易加工を実現しました。
バイオマスPETは、最終ユーザーに負担をかけることなく、有限である化石資源の利用削減および焼却処分時のCO2排出量の削減を可能にする次世代型プラスチックです。
【おすすめ理由!】
1ケースの入数が全サイズ1,000個以下、1袋の入数も50個で統一されており、他社品に比べて非常にコンパクト。なので
・使用する現場での限られたスペースでも保管し易い
・店舗の棚で陳列し易い
・流通の過程でも、倉庫でのピッキング・梱包時に取り扱いがし易い

【本体】材質:バイオPET

商品名	HF78-9	HF78-10	HF92-9	HF92-12	HF98-12/14	HF98-16	HF98-18	HF98-20	HF98-24
ケース入数	1,000	1,000	1,000	1,000	1,000	1,000	1,000	1,000	600
容量	9oz(266ml)	10oz(296ml)	9oz(266ml)	12oz(355ml)	12/14oz(355/414ml)	16oz(473ml)	18oz(532ml)	20oz(592ml)	24oz(710ml)
寸法	Φ78×H101	Φ78×H103	Φ92×H72	Φ92×H105.5	Φ98×H106.8	Φ98×H119.6	Φ98×H140	Φ98×H142	Φ98×H150
重量(g)	7.0	8.0	10.34	12.0	12.0	13.6	14.11	15.2	17.2

【蓋】材質:A-PET

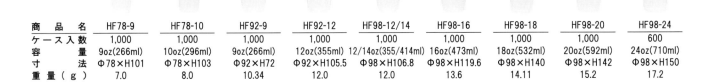

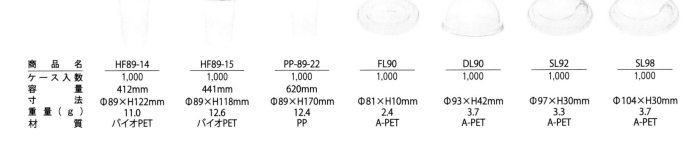

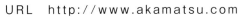

商品名	FL78	FL92	FL98	DL78	DL92	DL98
ケース入数	1,000	1,000	1,000	1,000	1,000	1,000
寸法	Φ81	Φ95	Φ102	Φ82	Φ96	Φ103
重量(g)	1.8	2.5	2.6	2.6	3.6	4.1

【NEW】

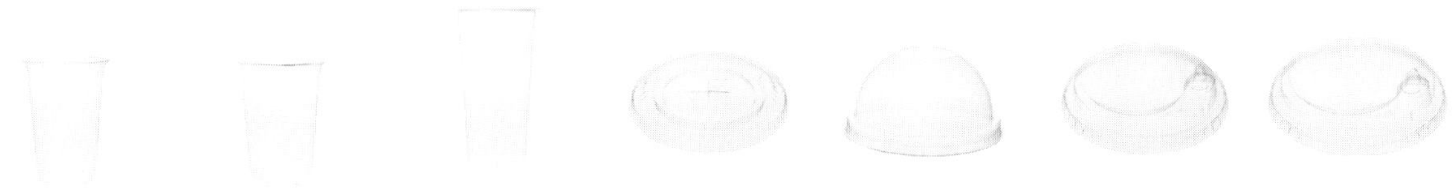

商品名	HF89-14	HF89-15	PP-89-22	FL90	DL90	SL92	SL98
ケース入数	1,000	1,000	1,000	1,000	1,000	1,000	1,000
容量	412mm	441mm	620mm				
寸法	Φ89×H122mm	Φ89×H118mm	Φ89×H170mm	Φ81×H10mm	Φ93×H42mm	Φ97×H30mm	Φ104×H30mm
重量(g)	11.0	12.6	12.4	2.4	3.7	3.3	3.7
材質	バイオPET	バイオPET	PP	A-PET	A-PET	A-PET	A-PET

もずく・ところてん

100角 蓋

M-100F-K3
- ●寸法(mm) 102×102×16
- ●入　　数 2000
- ●商品コード 21020706
- ●材　　質 A-PET
- ●重 量（g） 4.10
- ●特　　徴 自動供給機対応、4隅嵌合、印刷可

100角 本体

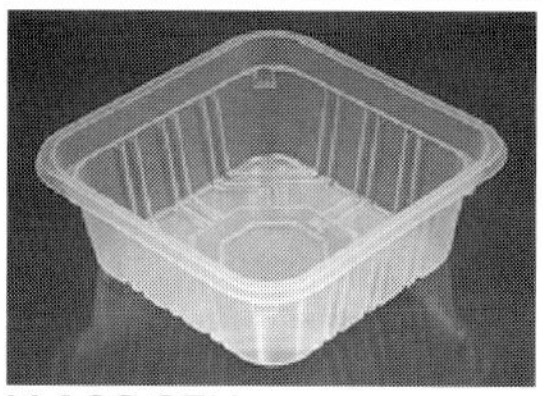

M-100-35H
- ●寸法(mm) 100×100×35
- ●入　　数 2000
- ●内容量(cc) 230
- ●商品コード 21010471
- ●材　　質 耐寒PP
- ●重 量（g） 5.40
- ●主な用途 もずく

M-100-50H
- ●寸法(mm) 100×100×50
- ●入　　数 2000
- ●内容量(cc) 300
- ●商品コード 21010468
- ●材　　質 耐寒PP
- ●重 量（g） 5.94
- ●主な用途 もずく

88角 蓋

AF-1(深)
- ●寸法(mm) 90×90×20
- ●入　　数 2000
- ●商品コード 21020841
- ●材　　質 A-PET
- ●重 量（g） 3 26

※OPSもあります。

88水抜き蓋
- ●寸法(mm) 88×88×17
- ●入　　数 2000
- ●商品コード 21020736
- ●材　　質 A-PET
- ●重 量（g） 2.71
- ●特　　徴 対角に水抜き口付き 4隅嵌合、印刷可
- ●主な用途 ところてん

88角 本体

M-88-33H
- ●寸法(mm) 88×88×33
- ●入　　数 2000
- ●内容量(cc) 165
- ●商品コード 21010380
- ●材　　質 耐寒PP
- ●重 量（g） 4.18
- ●主な用途 もずく

AB-1
- ●寸法(mm) 88×88×70
- ●入　　数 2000
- ●内容量(cc) 320
- ●商品コード 21011101
- ●材　　質 A-PET
- ●重 量（g） 6.95
- ●主な用途 ところてん

AB-3
- ●寸法(mm) 88×88×55
- ●入　　数 2000
- ●内容量(cc) 260
- ●商品コード 21010869
- ●材　　質 A-PET
- ●重 量（g） 6.23
- ●主な用途 ところてん

※PPもあります。

M-88S-22H
- ●寸法(mm) 88×88×22
- ●入　　数 2000
- ●内容量(cc) 100
- ●商品コード 21011209
- ●材　　質 耐寒PP
- ●重 量（g） 4.18
- ●主な用途 もずく

M-88-43H
- ●寸法(mm) 88×88×43
- ●入　　数 2000
- ●内容量(cc) 220
- ●商品コード 21010527
- ●材　　質 耐寒PP
- ●重 量（g） 4.39
- ●主な用途 もずく

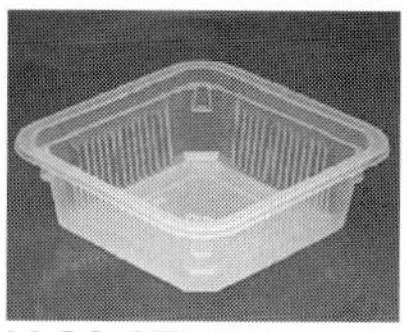

M-88-27H(M)
- ●寸法(mm) 88×88×27
- ●入　　数 2400
- ●内容量(cc) 130
- ●商品コード 21011570
- ●材　　質 耐寒PP
- ●重 量（g） 3.56
- ●主な用途 もずく

カキ・アサリ

ASR-26H ※受注生産品
- ●寸法(mm) 132×173×26
- ●入　　数 2000
- ●内容量(cc) 325
- ●商品コード 21020843
- ●材　　質 PP
- ●重 量（g） 7.81
- ●主な用途 あさり

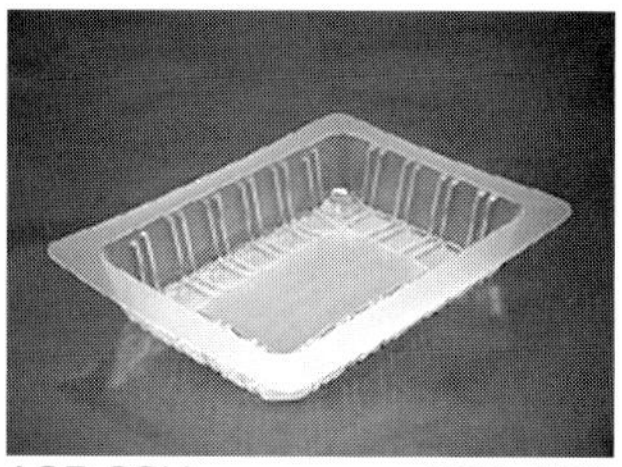

ASR-30H ※受注生産品
- ●寸法(mm) 132×173×30
- ●入　　数 2000
- ●内容量(cc) 370
- ●商品コード 21020842
- ●材　　質 PP
- ●重 量（g） 7.81
- ●主な用途 あさり

ASR-33H ※受注生産品
- ●寸法(mm) 132×173×33
- ●入　　数 1600
- ●内容量(cc) 430
- ●商品コード 21020921
- ●材　　質 PP
- ●重 量（g） 7.81
- ●主な用途 あさり

ASR-35H
- ●寸法(mm) 132×173×35
- ●入　　数 1600
- ●内容量(cc) 450
- ●商品コード 21010402
- ●材　　質 PP
- ●重 量（g） 8.55
- ●主な用途 あさり

ASR-46H
- ●寸法(mm) 132×173×46
- ●入　　数 1600
- ●内容量(cc) 560
- ●商品コード 21010431
- ●材　　質 PP
- ●重 量（g） 10.26
- ●主な用途 あさり

ASR-50H
- ●寸法(mm) 132×173×50
- ●入　　数 1600
- ●内容量(cc) 604
- ●商品コード 21010401
- ●材　　質 PP
- ●重 量（g） 10.69
- ●主な用途 あさり

赤松化成工業株式会社

ISO9001 認証
ISO14001 認証(本社・本社工場)
FSSC22000 認証
登録範囲:ソフトドリンク及び野菜サラダ向けコップ用プラスチック蓋の製造

■本　　社／〒771-0298　徳島県板野郡松茂町満穂字満穂開拓119番地の1
TEL. 088-699-3733(代)　FAX. 088-699-3732

■熊本営業所／〒866-0844　熊本県八代市旭中央通8番地の12　リップビル501号
TEL. 0965-31-8801　FAX. 0965-31-8804

■東京営業所／〒103-0013　東京都中央区日本橋人形町一丁目2番5号　ERVIC人形町9F
TEL. 03-5204-8277　FAX. 03-5204-8299

URL　http://www.akamatsu.com

味　噌

本 体

ZMT-500

- ●寸法(mm) 100×100×70
- ●入　　数 1000
- ●内容量(cc) 473
- ●商品コード 21010032
- ●材　　質 A-PETバリア
- ●重量(g) 11.50
- ●特　　徴 バリア容器
- ●主な用途 味噌

(新)ZMT-750

- ●寸法(mm) 120×120×85
- ●入　　数 1000
- ●内容量(cc) 790
- ●商品コード 21012005
- ●材　　質 A-PETバリア
- ●重量(g) 20.00
- ●特　　徴 バリア容器
- ●主な用途 味噌

ZMT-1000

- ●寸法(mm) 120×120×90
- ●入　　数 1000
- ●内容量(cc) 900
- ●商品コード 21012007
- ●材　　質 A-PETバリア
- ●重量(g) 20.00
- ●特　　徴 バリア容器
- ●主な用途 味噌

蓋

蓋500

- ●寸法(mm) 102×102×11
- ●入　　数 2000
- ●商品コード 21010796
- ●材　　質 A-PET
- ●重量(g) 4.18
- ●特　　徴 4隅嵌合

蓋1000

- ●寸法(mm) 124×124×14
- ●入　　数 2000
- ●商品コード 21010961
- ●材　　質 A-PET
- ●重量(g) 6.18
- ●特　　徴 4隅嵌合

豆　腐

φ120おぼろ蓋

- ●寸法(mm) φ123×18
- ●入　　数 1500
- ●商品コード 21020920
- ●材　　質 A-PET
- ●重量(g) 5.57
- ●特　　徴 嵌合蓋、印刷可

φ120おぼろ本体35H

- ●寸法(mm) φ120×35
- ●入　　数 1500
- ●内容量(cc) 250
- ●商品コード 21010829
- ●材　　質 PP
- ●重量(g) 7.12

φ120おぼろ本体45H

- ●寸法(mm) φ120×45
- ●入　　数 1500
- ●内容量(cc) 300
- ●商品コード 21011384
- ●材　　質 PP
- ●重量(g) 7 15

φ120おぼろ本体50H

- ●寸法(mm) φ120×50
- ●入　　数 1500
- ●内容量(cc) 330
- ●商品コード 21010830
- ●材　　質 PP
- ●重量(g) 9.10

6B-35白　※受注生産品

- ●寸法(mm) 134×119×36
- ●入　　数 1200
- ●内容量(cc) 350
- ●商品コード 21011407
- ●材　　質 PP
- ●重量(g) 10.05

2B-60H

- ●寸法(mm) 97×132×61
- ●入　　数 2000
- ●内容量(cc) 480
- ●商品コード 21011933
- ●材　　質 PP
- ●重量(g) 8.07

2B-40H(リブ)

- ●寸法(mm) 95×130×40
- ●入　　数 3000
- ●内容量(cc) 300
- ●商品コード 21012642
- ●材　　質 PP
- ●重量(g) 5.78

2B-20H

- ●寸法(mm) 98×131×20
- ●入　　数 2000
- ●内容量(cc) 180
- ●商品コード 21011784
- ●材　　質 PP
- ●重量(g) 6.93

農産物

嵌合容器

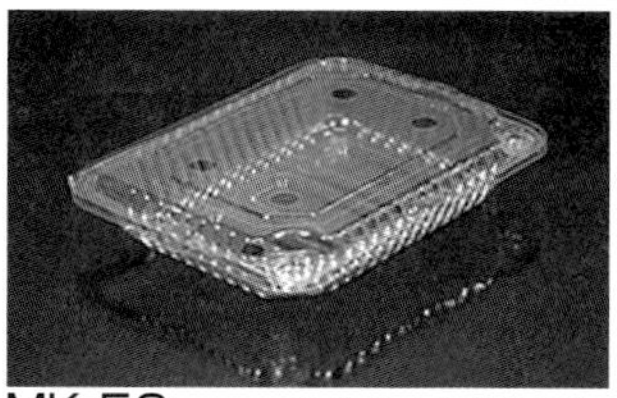

MK-50
※寸法:縦×横×高さ(本体/蓋/嵌合)

- ●寸法(mm) 93×120×20/6/26
- ●重量(g) 4.92
- ●入数 5000
- ●材質 OPS
- ●商品コード
- ●主な用途 みょうが
- ●特徴 ボタン嵌合、蓋4穴、底2穴、印刷可

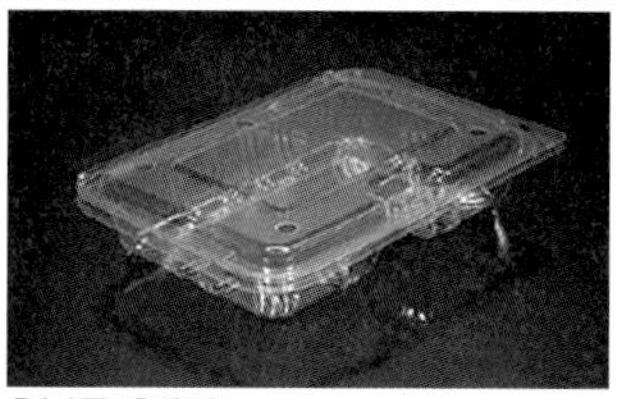

CHF-300
※寸法:縦×横×高さ(本体/蓋/嵌合)

- ●寸法(mm) 123×170×44/20/58
- ●材質 OPS
- ●入数 800
- ●重量(g) 10.80
- ●商品コード 31001526
- ●主な用途 さくらんぼ プルーン
- ●特徴 4隅嵌合、5穴付き、印刷可

CHS-250
※寸法:縦×横×高さ(本体/蓋/嵌合)

- ●寸法(mm) 123×170×44/12/52
- ●材質 OPS
- ●入数 1000
- ●重量(g) 10.89
- ●商品コード 21020493
- ●主な用途 フルーツトマト さくらんぼ
- ●特徴 スライド嵌合、5穴付き、印刷可

CHS-200
※寸法:縦×横×高さ(本体/蓋/嵌合)

- ●寸法(mm) 123×170×32/12/44
- ●材質 OPS
- ●入数 1000
- ●重量(g) 10.89
- ●商品コード 31003474
- ●主な用途 フルーツトマト さくらんぼ
- ●特徴 スライド嵌合、5穴付き、印刷可

しいたけ

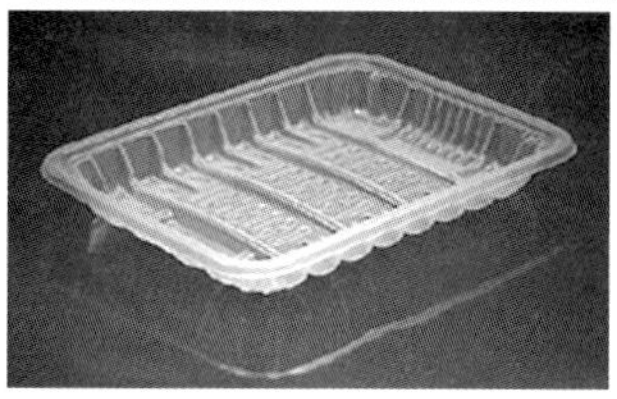

しいたけA-100

- ●寸法(mm) 115×150×24
- ●材質 PP
- ●入数 3000
- ●重量(g) 4.16
- ●商品コード 21020019

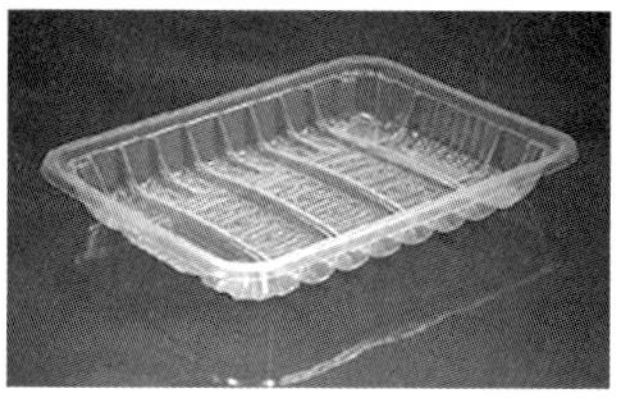

しいたけK-100

- ●寸法(mm) 115×150×24
- ●材質 PS
- ●入数 3000
- ●重量(g) 4,50
- ●商品コード 21020025

しいたけ3732

- ●寸法(mm) 105×150×21
- ●材質 PP
- ●入数 3000
- ●重量(g) 3.83
- ●商品コード 21020543

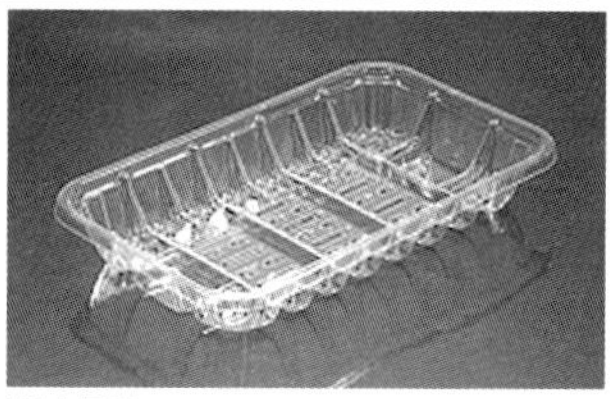

KM-50
＊受注生産品

- ●寸法(mm) 79×130×19
- ●材質 OPS
- ●入数 5000
- ●重量(g) 2.70
- ●商品コード 21020493
- ●主な用途 みょうが

しいたけ

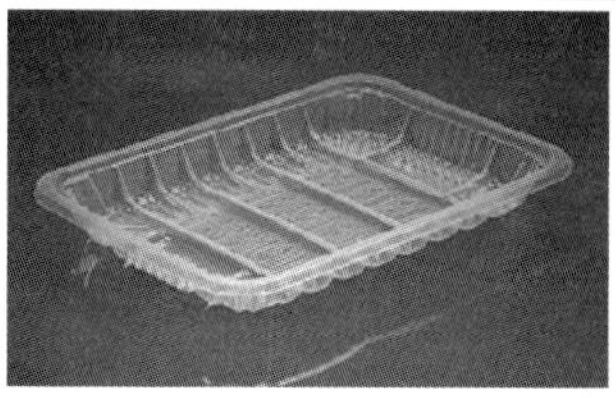

しいたけ3734

- ●寸法(mm) 108×150×21
- ●材質 HiPS
- ●入数 3000
- ●重量(g) 4.25
- ●商品コード 21020307

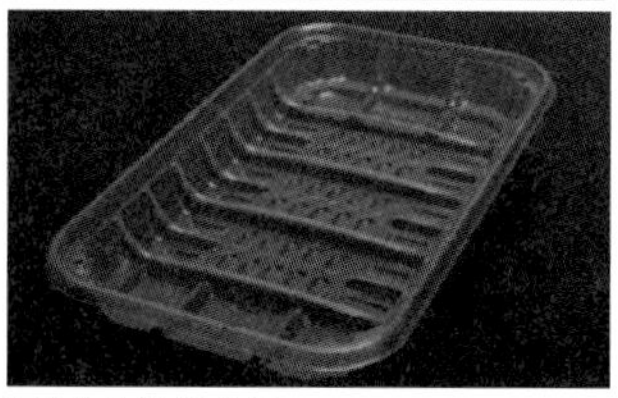

しいたけ16-10

- ●寸法(mm) 100×160×22
- ●材質 PS
- ●入数 3000
- ●重量(g) 10.08
- ●商品コード 21020987

その他

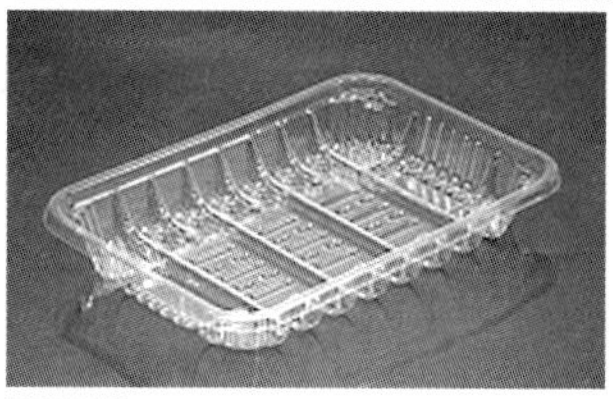

KS-70
＊受注生産品

- ●寸法(mm) 88×128×18
- ●材質 OPS
- ●入数 5000
- ●重量(g) 2.48
- ●商品コード 21020551
- ●主な用途 しょうが

しいたけ3733

- ●寸法(mm) 108×150×20
- ●材質 PP
- ●入数 3000
- ●重量(g) 3.84
- ●商品コード 21020017

ミニトマト

一体型

MF-102

- ●寸法(mm) 105×104×44/21/60
- ●入数 1500
- ●品名 MF-102
- ●材質 OPS
- ●重量(g) 6.88
- ●特徴 2個所嵌合、4穴付き、印刷可
- ●主な用途 ミニトマト

※嵌合物の寸法:縦×横×高さ(本体/蓋/嵌合)

RMF-200

- ●寸法(mm) 104.3×138×28/36/45.5
- ●入数 1200
- ●品名 RMF-200
- ●材質 OPS
- ●重量(g) 9.07
- ●特徴 2個所嵌合、印刷可
- ●主な用途 ミニトマト

※嵌合物の寸法:縦×横×高さ(本体/蓋/嵌合)

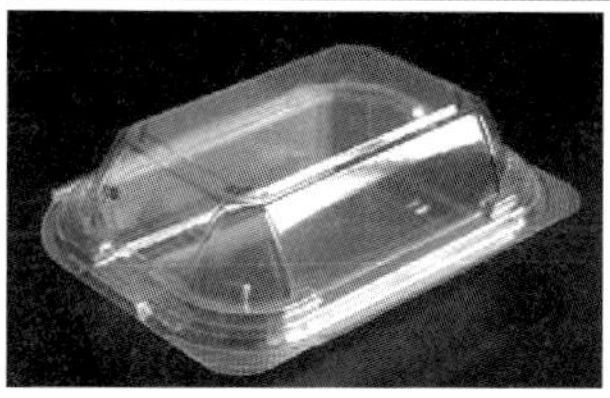

MF-100

- ●寸法(mm) 99×100×44/26/65
- ●入数 1800
- ●品名 MF-100
- ●材質 OPS
- ●重量(g) 6.24
- ●特徴 4隅嵌合、4穴付き、印刷可
- ●主な用途 ミニトマト

※嵌合物の寸法:縦×横×高さ(本体/蓋/嵌合)

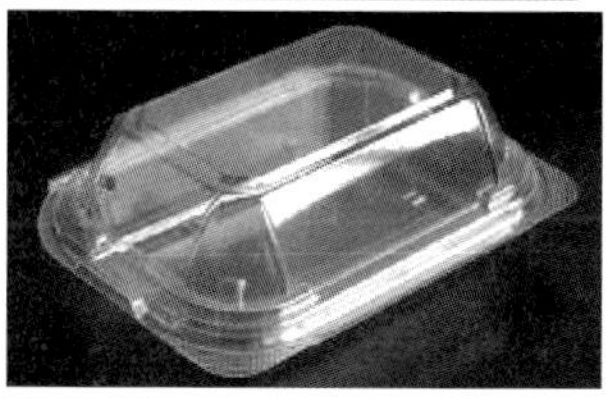

RMF-150

- ●寸法(mm) 104.3×138×20/36/43.5
- ●入数 1200
- ●品名 RMF-150
- ●材質 OPS
- ●重量(g) 8.16
- ●特徴 2個所嵌合、印刷可
- ●主な用途 ミニトマト

※嵌合物の寸法:縦×横×高さ(本体/蓋/嵌合)

赤松化成工業株式会社

ISO9001 認証
ISO14001 認証(本社・本社工場)
FSSC22000 認証
登録範囲:ソフトドリンク及び野菜サラダ向けコップ用プラスチック蓋の製造

■本社／〒771-0298 徳島県板野郡松茂町満穂字満穂開拓119番地の1
TEL. 088-699-3733(代) FAX. 088-699-3732

■熊本営業所／〒866-0844 熊本県八代市旭中央通8番地の12 リップビル501号
TEL. 0965-31-8801 FAX. 0965-31-8804

■東京営業所／〒103-0013 東京都中央区日本橋人形町一丁目2番5号 ERVIC人形町9F
TEL. 03-5204-8277 FAX. 03-5204-8299

URL http://www.akamatsu.com

ミニトマト

蓋

APO-102F
- ●寸法(mm) 104×104×14
- ●入　　数 2000
- ●商品コード 21020048
- ●特　　徴 4隅嵌合、4穴付き、印刷可
- ●材　　質 OPS
- ●重量(g) 3.41
- ●主な用途 ミニトマト

APO-108F
- ●寸法(mm) 110×110×12
- ●入　　数 2000
- ●商品コード 21020137
- ●特　　徴 4隅嵌合、4穴付き、印刷可
- ●材　　質 OPS
- ●重量(g) 3.81
- ●主な用途 ミニトマト

本体

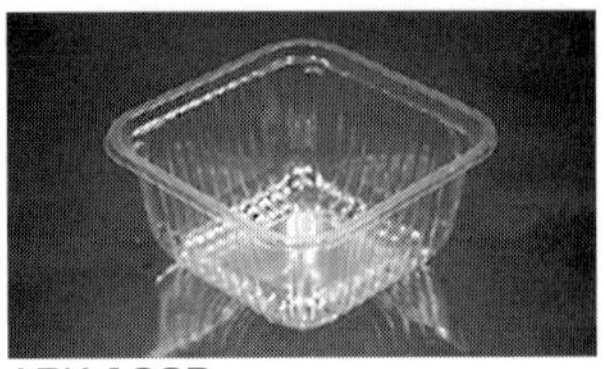

APK-102B
- ●寸法(mm) 102×102×50
- ●入　　数 2000
- ●商品コード 21018058
- ●材　　質 透明PS
- ●重量(g) 4.82
- ●主な用途 ミニトマト

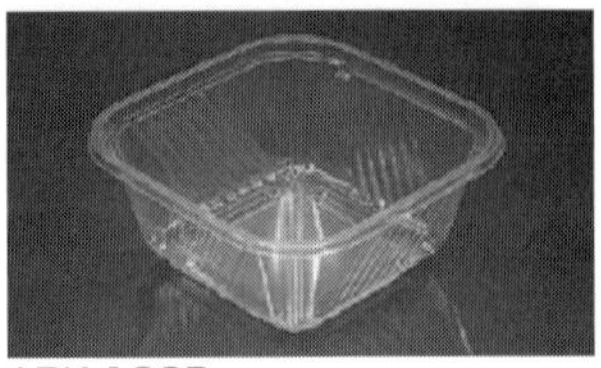

APK-108B
- ●寸法(mm) 108×108×47
- ●入　　数 2000
- ●商品コード 21010373
- ●材　　質 透明PS
- ●重量(g) 5.41
- ●主な用途 ミニトマト

フルーツ

いちご300G容器
- ●寸法(mm) 115×167×42
- ●入　　数 2000
- ●商品コード 21011888
- ●材　　質 PET
- ●重量(g) 5.40
- ●主な用途 苺

A-21
- ●寸法(mm) 140×200×50
- ●入　　数 800
- ●商品コード 21010940
- ●材　　質 A-PET
- ●重量(g) 16.51

A-25
- ●寸法(mm) 155×227×50
- ●入　　数 600
- ●商品コード 21010941
- ●材　　質 A-PET
- ●重量(g) 20.75

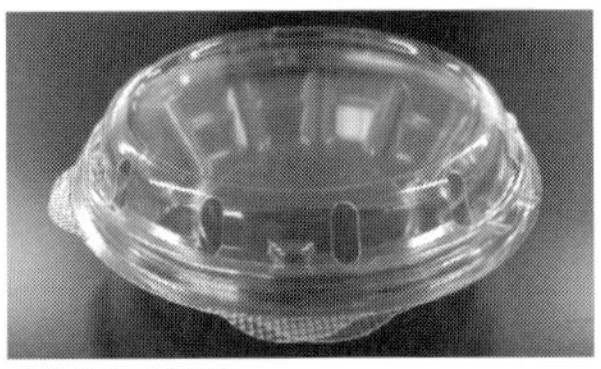

BB-100(丸型)
- ●寸法(mm) φ115×25/17/35
- ●入　　数 1000
- ●商品コード 21021870
- ●特　　徴 本体・フタに穴有※フタのみに穴有もあります。
- ●材　　質 A-PET
- ●重量(g) 9.18

その他食品

珍味

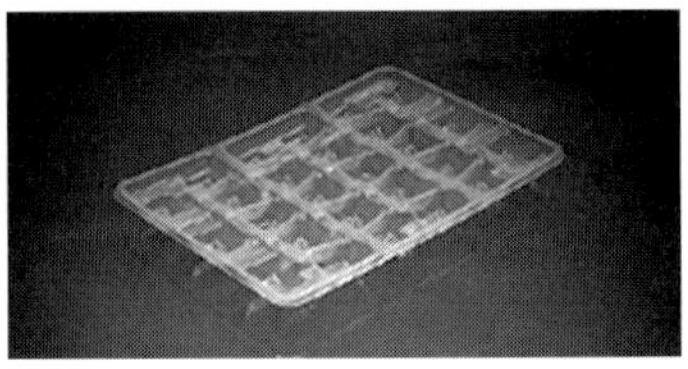

AC-1
- ●寸法(mm) 115×165×11
- ●入　　数 2400
- ●商品コード 21020538
- ●材　　質 PP
- ●重量(g) 3.42
- ●主な用途 珍味用げす

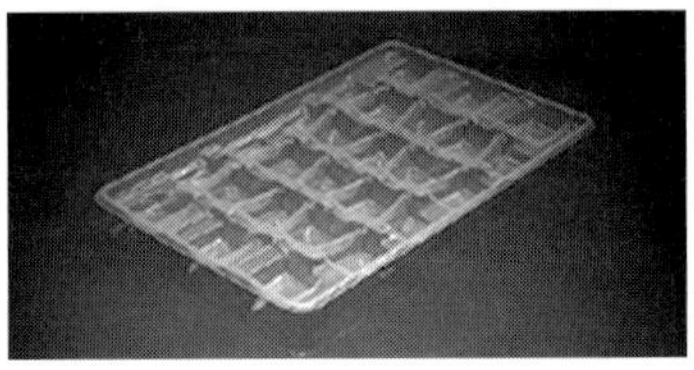

AC-2
- ●寸法(mm) 125×190×10
- ●入　　数 3000
- ●商品コード 21020604
- ●材　　質 PP
- ●重量(g) 4.28
- ●主な用途 珍味用げす

ギョウザ

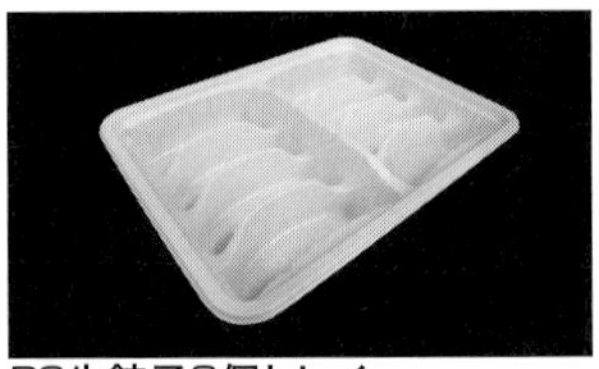

PS生餃子8個トレイ
- ●寸法(mm) 185×142×32
- ●入　　数 630
- ●商品コード 21012927
- ●材　　質 PS(白)
- ●重　量(g) 11.03

生餃子10個用トレイ(白)
- ●寸法(mm) 165×185×32
- ●入　　数 900
- ●商品コード 21012916
- ●材　　質 PS(白)
- ●重　量(g) 13.78

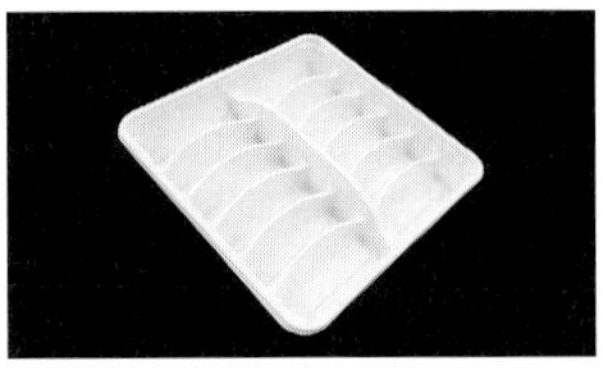

PS生餃子12個(2×6)トレイ
- ●寸法(mm) 185×187×32
- ●入　　数 600
- ●商品コード 21012928
- ●材　　質 PS(白)
- ●重　量(g) 17.80

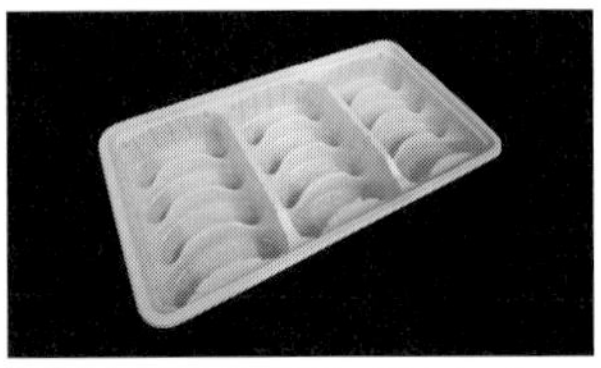

PS生餃子12個(3×4)トレイ
- ●寸法(mm) 253×142×32
- ●入　　数 600
- ●商品コード 21012929
- ●材　　質 PS(白)
- ●重　量(g) 15.09

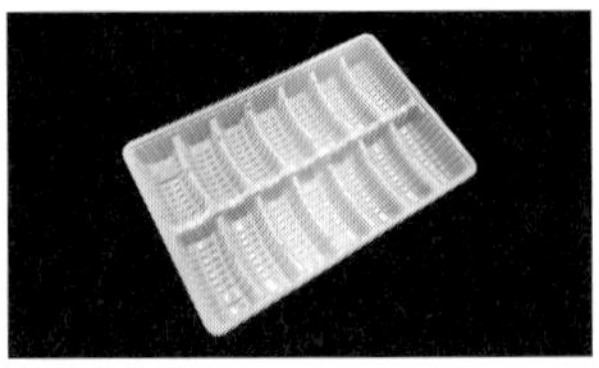

PP餃子14個トレイ
- ●寸法(mm) 248.5×164×29.5
- ●入　　数 1200
- ●商品コード 21012936
- ●材　　質 PP(Na)
- ●重　量(g) 8.90

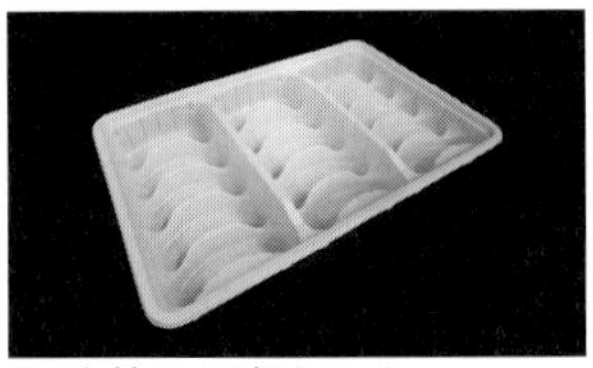

PS生餃子15個トレイ
- ●寸法(mm) 253×171×30
- ●入　　数 420
- ●商品コード 21012930
- ●材　　質 PS(白)
- ●重　量(g) 18.17

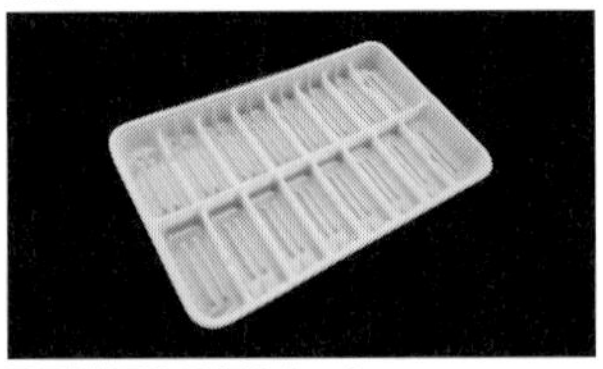

PP餃子16個トレイ
- ●寸法(mm) 267.5×169.5×26
- ●入　　数 600
- ●商品コード 21012937
- ●材　　質 PP(Na)
- ●重　量(g) 16.50

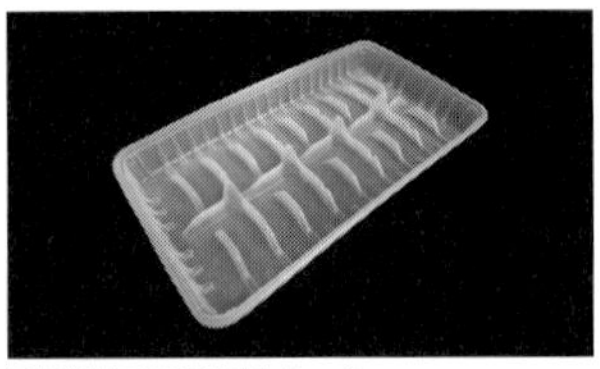

PP餃子20個トレイ
- ●寸法(mm) 309×170×30
- ●入　　数 600
- ●商品コード 21012934
- ●材　　質 PP(Na)
- ●重　量(g) 14.34

赤松化成工業株式会社

ISO9001 認証
ISO14001 認証(本社・本社工場)
FSSC22000 認証
登録範囲:ソフトドリンク及び野菜サラダ向けコップ用プラスチック蓋の製造

■本　　社／〒771-0298 徳島県板野郡松茂町満穂字満穂開拓119番地の1
TEL. 088-699-3733(代) FAX. 088-699-3732

■熊本営業所／〒866-0844 熊本県八代市旭中央通8番地の12 リップビル501号
TEL. 0965-31-8801 FAX. 0965-31-8804

■東京営業所／〒103-0013 東京都中央区日本橋人形町一丁目2番5号 ERVIC人形町9F
TEL. 03-5204-8277 FAX. 03-5204-8299

URL http://www.akamatsu.com

G-3 system
システム
1Week
Low Cost
Real Spec
イメージ通りの豆腐の容器が見つからない?
既成の容器に合うのがなくて…。
簡単なイメージで悪いんだけど、
こんな感じなんだよね。
だったら、
G-3 system
システム
そのイメージ
1週間で形に
できます
3D画像を利用し企画当初からフィルムやラベルのデザインと
容器の形状をトータルプロデュースでご提案いたします
1Week
●試作は当社内で実施。だから図面から試作までスピーディーな
提案が可能!機密保持も万全です!
新商品の依頼発生
営業による図面作成
3D図面での打ち合わせ
図面修正
サンプル製品提出
Low Cost
●ロットに応じた生産方法を選択肢最小限のコストで生産
●自社内での金型制作により金型代のコストカットを実現
Real Spec
●まずは3D画像で形状デザインの確認!ご依頼を受けた営業マンが直に図面作成
●万全の商品管理システムで安全な商品を供給

サンライトニューリボンカップシリーズ

RIBBON CUP
なるほどオシャレ!!
環境にやさしく
しかもローコスト化で
人気にお応えします。

ファンシーな食材やテイクアウトに最適な特許商品です。

本体				
	品　名	サイズ(外寸×深さ)	入　数	袋入数
角型	RK-350	126◯×47.0	600	50
	RK-500	126◯×65.0	600	50
	品　名	サイズ(外寸×深さ)	入　数	袋入数
丸型	RM-350	129ϕ×47.0	600	50
	RM-500	129ϕ×62.0	600	50
	RM-750	129ϕ×98.0	600	50

蓋				
	品　名	サイズ(外寸×深さ)	入　数	袋入数
角型	RK-FC	126◯×8.0	600	50
	RK-OC	126◯×23.0	600	50
	品　名	サイズ(外寸×深さ)	入　数	袋入数
丸型	RM-TC	129ϕ×7.5	600	50
	RM-FC	129ϕ×11.0	600	50
	RM-OC	129ϕ×25.0	600	50

サンライトSNシリーズ

新デザインで登場!
欧米型大容量ボックスタイプ!!

多様化するニーズに応える
深型ボックスタイプ

品名	サイズ	材質	袋入数	ケース入数
SN-300B	120×161×37H	A-PET	50	500
SN-500B	120×161×50H	A-PET	50	500
SN-750B	120×161×65H	A-PET	50	500
SN-1000B	120×161×81H	A-PET	50	500
SN-TC	123×164×12H	A-PET	50	1000

Sunpacks Co., Ltd
サンパックス株式会社

本社・工場／〒485-0822　愛知県小牧市大字上末字雁戸嶋1888-2
TEL〈0568〉73-5022㈹　FAX〈0568〉75-1357

サンライト 深型 カップシリーズ ㊄

SPシリーズ

SP-900B

SP-600B

SP-450B

SP-蓋（OC）

本体				蓋			
品　名	サイズ（外寸×深さ）	入　数	1P=入数	品　名	サイズ（外寸×深さ）	入　数	1P=入数
SP-900B	114φ×124	750	1P=50	SP-蓋（OC）	114φ× 17	750	1P=50
SP-600B	114φ× 97	750	1P=50				
SP-450B	114φ× 78	750	1P=50				

サンライトのカットカップ

水がこぼれない ミラクルキャッピング

本体

品　名	サイズ（外寸×深さ）	入　数	袋入数
MC86-120B	86φ×40	3000	100
MC86-150B	86φ×50	3000	100
MC10-200B	100φ×48	2500	100
MC10-250B	100φ×61	2500	100
MC13-320B	130φ×40.5	1500	100
MC13-430B	130φ×61	1500	100

蓋

品　名	サイズ（外寸×深さ）	入　数	袋入数
MC86-TC	86φ×7	3000	100
※　C86-FC	86φ×10	3000	100
MC10-TC	100φ×7	2500	100
※　C10-FC	100φ×11	2500	100
MC13-TC	130φ×7	1500	100
※　C13-FC	130φ×11	1500	100
※　C13-OC	130φ×25	1500	100

※印は従来のカットカップと兼用商品です。

差別化・個性化にピッタリ

・水もれ、汁もれはありません。
・画期的なリード模様によりクリスタルイメージ。

本体・フタとも特許商品です。

Sunpacks Co., Ltd
サンパックス株式会社
本社・工場／〒485-0822　愛知県小牧市大字上末字雁戸嶋1888-2
TEL〈0568〉73-5022㈹　FAX〈0568〉75-1357

株式会社セイコーの食品軽量容器

《商品企画ー金型ー印刷ーラミネートー成型品》

製造品目

〈成型品〉 ●一般フードパック●仕切付フードパック●変型フードパック●トレー（受皿）各種●カップ類（丸・角）●ホイルカップ（小型容器）●シームパック●苺ケース・フルーツケース●弁当・会席容器●豆腐容器●卵ケース・贈答用トレー

〈開発品〉 ●ユニットケース●ラミネート製品●APET製品●新素材製品●ウルトラパック●刺身トレー●デコレーショントレー●菓子用各種仕切トレー●ラップ及びシール式各種トレー

〈付属品〉 ●シャットラベル●シャットタッチ●フィルム（シール用）●折箱用透明蓋●グラスコップ飾蓋●大型通函用パック●その他包装資材

フードパック（実用新案登録品）

規格フードパックは、150種類のバリエーションを取揃えております。

	一般用	仕切付フードパック	ドーム型フードパック（実用新案申請中）	備考
フードパック	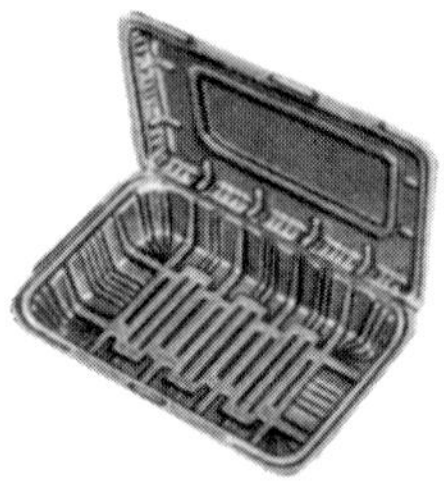		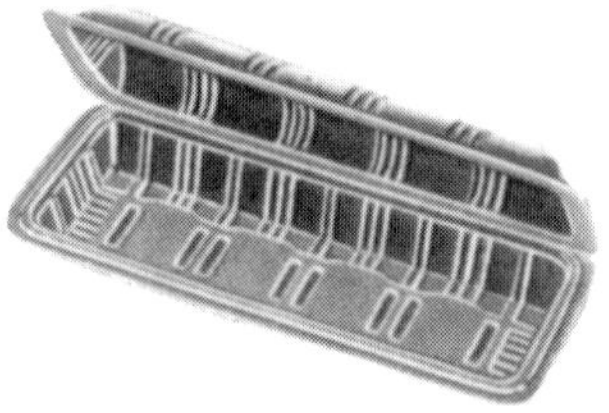	OB型 フードパック ON型 フードパック 仕切付 フードパック W型 フードパック （本体・蓋）同寸法深さ DM型 フードパック 印刷付規格フードパック
	約70種類	40種類	10種類	

タッチパック

〈密着型フードパック〉

LJ型フードパックです。

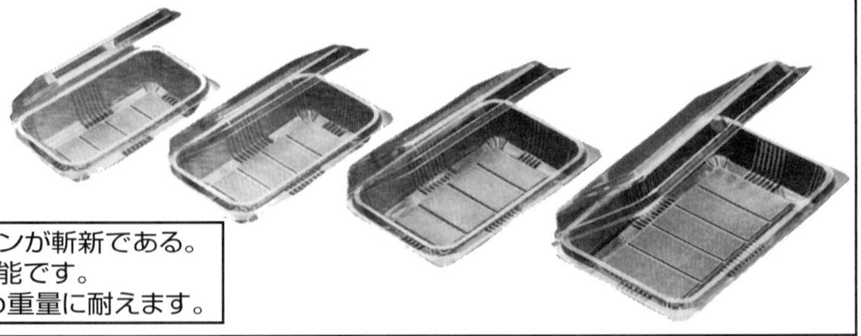

特長
●密着嵌合によりデザインが斬新である。
●ワンタッチで密封が可能です。
●空気が密封状態のため重量に耐えます。

食品容器の総合メーカー

――パッケージの文化と調和をクリエイトする――

L-59

株式会社 セイコー

本社 〒535-0022 大阪市旭区新森6丁目5の30 TEL 06(6954)5971(代表) FAX 06(6954)4021
工場 〒490-1113 愛知県あま市中萱津字九反所27 TEL 052(443)0842 FAX 052(443)3324
URL https://www.seiko-pack.co.jp/ E-mail info@seiko-pack.co.jp

ラミソフトケース

ラミソフトケースは材質別に4種類を取り揃え、色・柄は19色と豊富でありご使用目的に合わせてお選びください。また新柄として季節・用途に応じて24種類の多彩なニューデザインを取り揃えております。

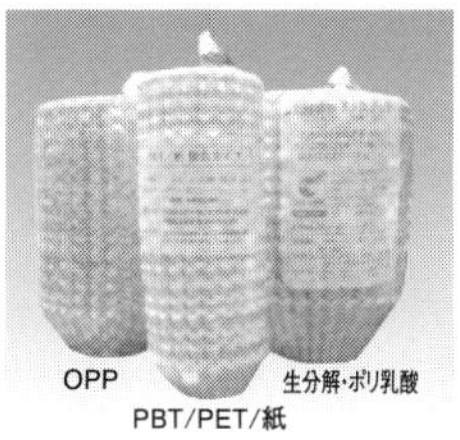

ラミケースソフトは三層構造で色彩(カラー印刷)は食品に移行を防ぎ、食品の安全・安心をモットーにラミネート加工を施しており、印刷インクが食品に接触致しません。
食品工場でのスピーディな作業性を考慮し、容器の底部にはマット加工を施すことで剥離を容易にしました。
生分解プラスチックは「使用中は、通常のプラスチックと同様に使用でき、使用後は自然界で微生物により、低分子化合物に分解され、最終的に水と炭酸ガスになるプラスチック」を生分解プラスチックと認識されています。
生分解の向上を目指し使用インクもポリ乳酸系のバイオテクカラーTEを使用した製品も取り揃えております。

■寸法／入数

商品名	サイズ 底径×高さ m/m	ケース入数 枚数×本
ラミソフトケース **4F**	30φ×20	500×100
ラミソフトケース **5A**	35φ×18	500×100
ラミソフトケース **5F**	35φ×20	500×100
ラミソフトケース **6A**	40φ×20	500× 50
ラミソフトケース **6F**	40φ×25	500× 50
ラミソフトケース **7A**	45φ×20	500× 50
ラミソフトケース **7F**	45φ×27	500× 50
ラミソフトケース **8A**	50φ×25	500× 50
ラミソフトケース **8F**	50φ×30	500× 50
ラミソフトケース **9F**	55φ×30	500× 50
ラミソフトケース **10F**	55φ×36	500× 50
ラミソフトケース **12F**	65φ×40	500× 50

寸法と深型、浅型の区分で棚へ保管した場合ラベル表示で整理し識別が容易です。

	単位	入数	梱包材表示	表示方法
包装表示	一本当たり	500枚	シュリンク包装で保形しております。	号数と浅・深
	ケース当たり	50/100本	段ボール単位	100本以上
	ピッキング(別途費用)	随時	各サイズ色・柄で詰合せが出来ます。	有償
ラベル	4F Soft Case (500枚) 深型 印刷色:茶		5A Soft Case (500枚) 浅型 印刷色:グリーン	

材質:APET又はPS透明を使用しております。

苺ケース・フルーツ容器

苺 300g

フルーツケース

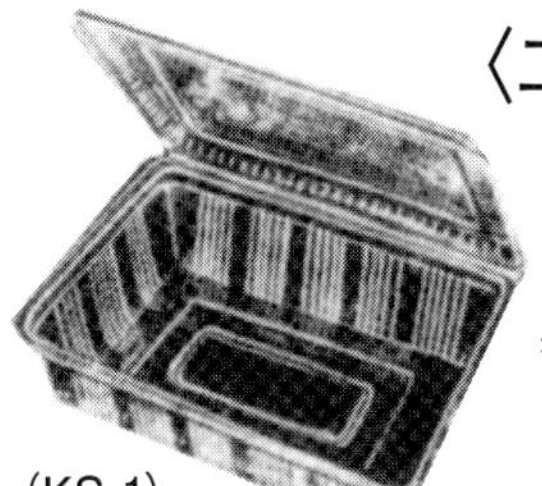

(KS-1)

大型パック

〈エコロ製品〉
店舗内の再利用を目的で極厚製品も取り揃えております。
外径寸法:290×215×19/22mm

品名	外寸		内寸		底寸		深さ	入数	備考
	A	B	C	D	E	F	G		
苺ケース 200gS	118	172	157	118	70	123	38	2,000	奈良型 苺(小)
苺200G (大)	178	115	103	118	143	186	40	2,000	一般用
苺 300gS	118	172	157	118	167	117	47	2,000	奈良型 苺(小)
苺 300G (大)	178	115	103	118	145	188	48	2,000	一般用
苺 500g	178	120	108	118	142	191	60	2,000	〃
フルーツケース S-15	118	133	120	118	151	102	40	2,000	苺300g大と同量
〃 S-20	228	165	155	118	185	135	50	1,200	いちぢく、枇杷
〃 SS-21	208	143	130	118	170	105	43	1,500	苺500g大と同量
〃 S-21	208	143	130	118	177	110	50	1,500	いちぢく、枇杷(ビワ)
〃 S-23	188	180	150	118	148	143	50	1,200	
〃 S-25	228	160	143	118	190	125	53	1,500	桃、梨、リンゴ6ヶ月
〃 S-27	230	171	155	118	190	130	60	1,000	桃M寸6ヶ月
〃 S-36	248	180	162	118	208	140	65	1,000	桃M寸5ヶ月
〃 S-100	265	190	168	118	220	146	72	1,000	ぶどう1kg、桃LL6ヶ月
〃 S-200	272	198	180	118	230	152	82	1,000	

食品容器の綜合メーカー

——パッケージの文化と調和をクリエイトする——

L-59

株式会社 セイコー

本社 〒535-0022 大阪市旭区新森6丁目5の30 TEL 06(6954)5971(代表) FAX 06(6954)4021
工場 〒490-1113 愛知県あま市中萱津字九反所27 TEL 052(443)0842 FAX 052(443)3324
URL https://www.seiko-pack.co.jp/ E-mail info@seiko-pack.co.jp

シャットタッチ

超音波だから衛生的で安全

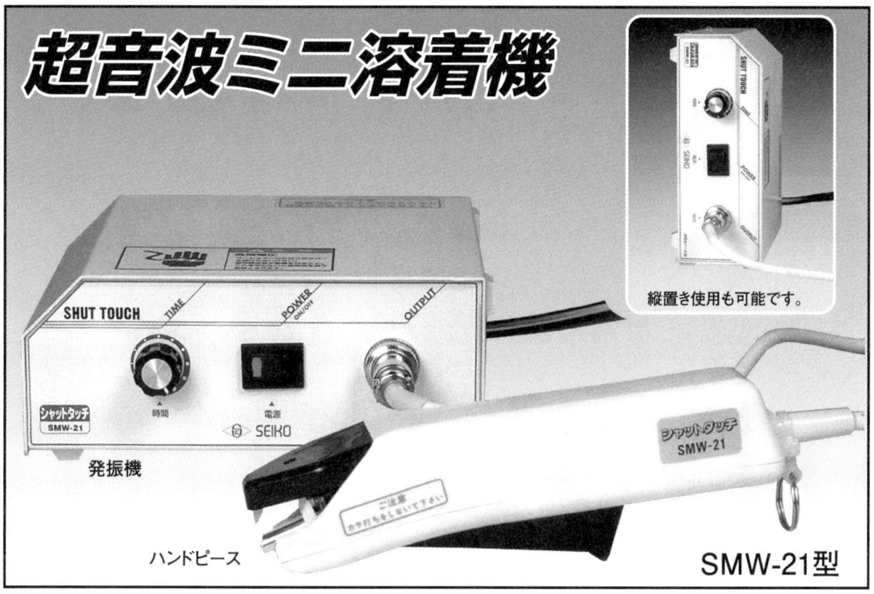

★接着能力をアップしました。

◆フードパックの蓋閉めに最適

◆軽量で簡単シール防曇タイプも安全

◆作業性が良く、小型でラクラク!!

●溶着可能なパック材質

シート	スチロール系（OPS含む）
	PP
	APET
	PPフィラー
	PVC
フィルム	OPP
	CPP

シャット・ラベル®

SHUT LABEL シャット・ラベル®

食品容器のデザインラベル並びに封緘材に最適。

SHUT-LABEL（シャット・ラベル）は商品の封緘・POSマーク・品質表示並びに商品名等も一連で表示します。作業も簡単でリサイクル及びゴミの減量化も実現しこれからの流通にかかせません。

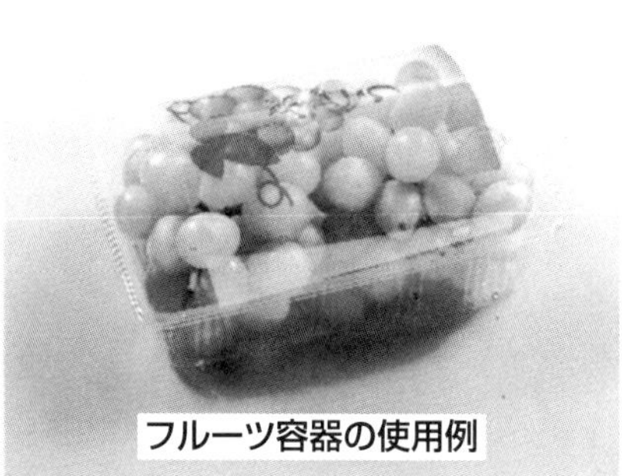
フルーツ容器の使用例

フードパックの使用例

6つの特長

①ラベル ▶表面に商品名・店名などを印刷することができます。
②品質表示 ▶原材料及び添加物等の明細記入が可能です。
③POSマーク ▶バーコードが裏面に入れられますので店舗の在庫管理が正確にキャッチできます。
④封　緘 ▶美しく簡単に封緘できます。
⑤蓋　材 ▶トレーの蓋材としてフルーツ・野菜等の保護カバーになります。
⑥ラベル ▶ラベル印刷により版代が安価です。

シャット・ラベルの寸法及び印刷の度数は御相談下さい。

食品容器の綜合メーカー

――パッケージの文化と調和をクリエイトする――

L-59

株式会社 セイコー

本社　〒535-0022　大阪市旭区新森6丁目5の30　TEL 06(6954)5971(代表)　FAX 06(6954)4021
工場　〒490-1113　愛知県あま市中萱津字九反所27　TEL 052(443)0842　FAX 052(443)3324
URL　https://www.seiko-pack.co.jp/　E-mail　info@seiko-pack.co.jp

小型容器

御料理の盛りつけを小粋に演出し
子分けするのに便利です。

ホイルカップ

SH-4·SH-5·SH-6·SH-7·SH-8
〈スチロール製品〉OPS(透明)·色物PS(RGY)
〈PP製品〉PP抗菌·フィラー入り(グリーン)

コンビカップ

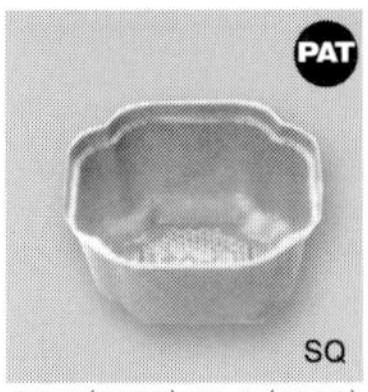

SQ-5((24CC)·SQ-6((40CC)
〈スチロール製品〉OPS(透明)·色物PS(BK)
〈PP製品〉PP抗菌·フィラー入り(グリーン)

SF-5((24CC)·SF-6((40CC)
〈スチロール製品〉OPS(透明)·色物PS(BK)
〈PP製品〉PP抗菌·フィラー入り(グリーン)

三角コーナー

ST-1(T)PST/STF-1(G)PPFG
ST-1(RT)PPRT/ST-1(N)PSN
ST-1(BK)PS

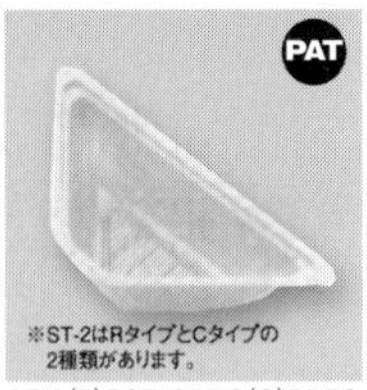

ST-2(T)PST/STF-2(G)PPFG
ST-2(RT)PPRT/ST-2(N)PSN
ST-2(BK)PS

笹舟

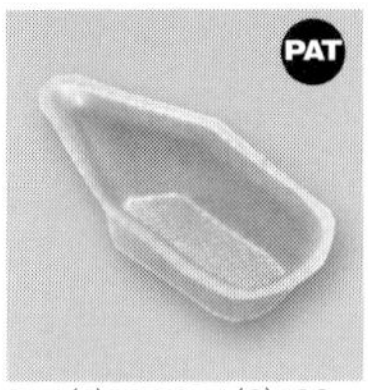

SD-1(T)PST/SD-1(G)PSG
SD-1(N)PSN

包装形態 取り扱いや保管時の整理を考慮して全ての製品をパック詰めしました。製品の保護と端数品の保管に便利です。

●カタログが必要な方はご一報下さい。

おせちトレー

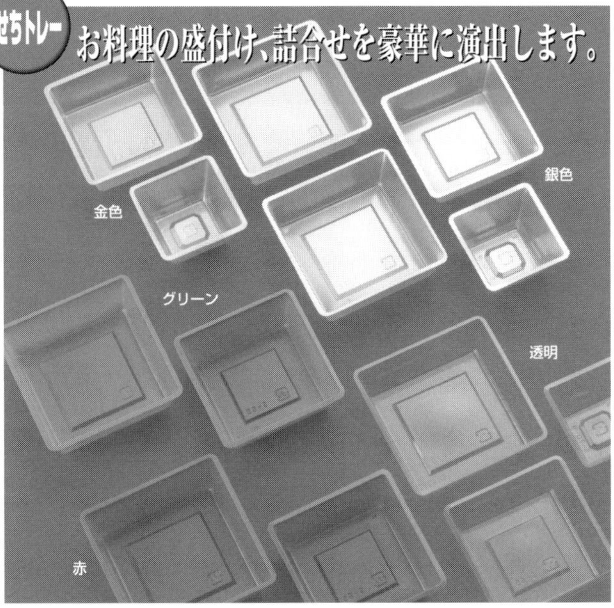

品　名	6.5寸用	7寸用	5寸用(小型仕切用)
形 式 名	S-65	S-70	S-70-9
製品寸法	87 × 87 × 30	97 × 97 × 30	64 × 64 × 33
入　数	4,800枚	4,800枚	10,000枚
色の種類	金色·銀色·グリーン·赤·透明		

近日発売:5.5寸·6寸·7.5寸を開発中です。

トレー各種

■スチロールトレー

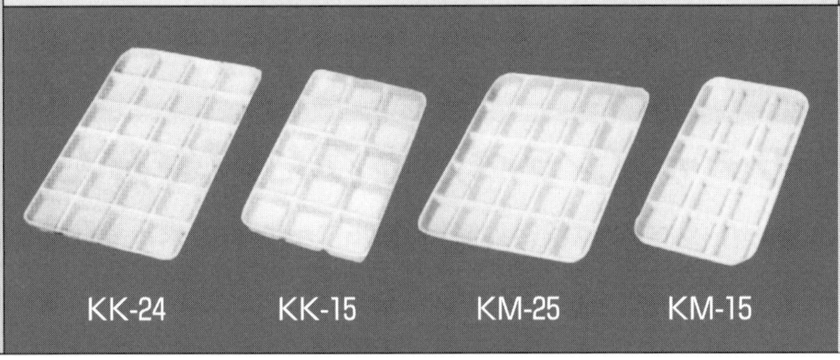

■OPS 珍味トレー

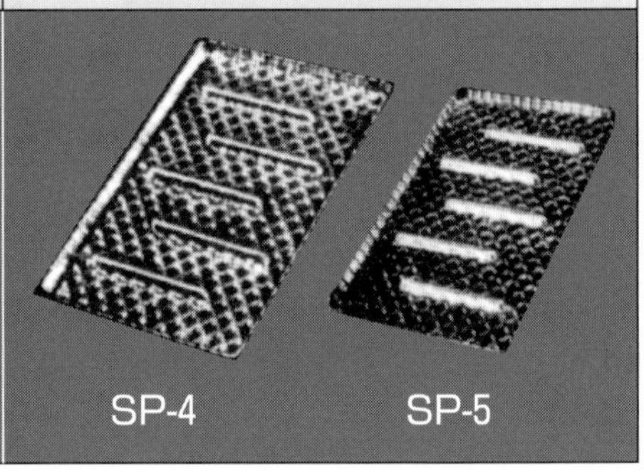

グラスコップの蓋

試食皿

新食材の試食皿として丸型·楊子付角型の2種類を御用意しました。食材によりお選び下さい。

TS-8 300×20P(6000枚)

PC-2 400×20P(8000枚)

総合カタログが必要な方はご一報ください。

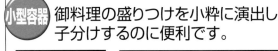

企画・設計から製造・販売まで一貫した生産システムで、付加価値の高い製品を提供し、斬新な機能パッケージを提案します。

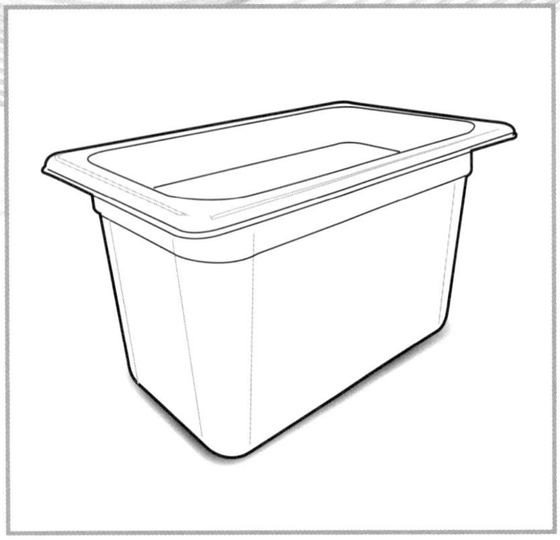

深絞り容器

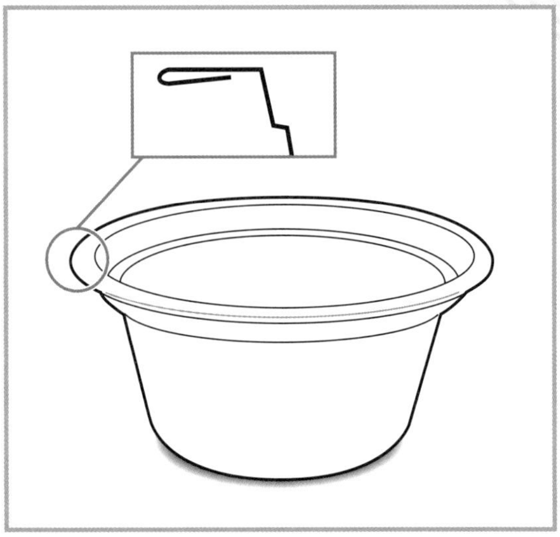

カーリング容器

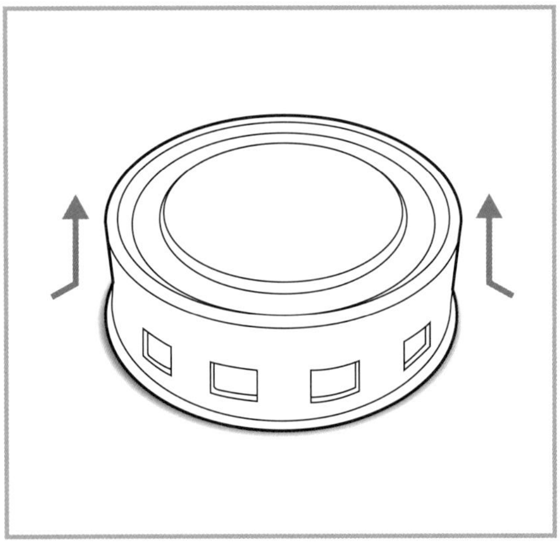

垂直テーパー

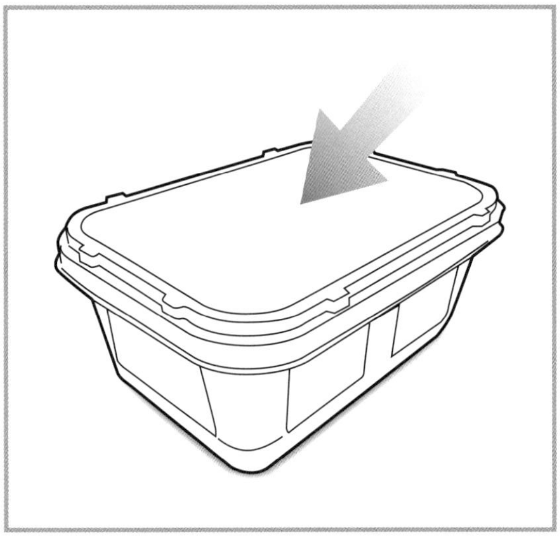

遮光容器

食品業界に対応したクリーンルーム内で製造を行っております。

○ 工場内を3エリアに区分し異物混入がより侵入しにくい体制。

○ 製造室は耐電防止仕様。気密性を保つため壁や天井にパネルシステムを設置。

○ 防塵・汚染の軽減といった観点から樹脂による塗床で耐薬品性､耐摩耗性に優れてます。

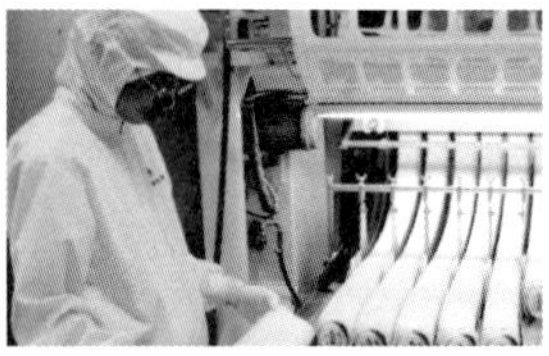

石原化学工業株式会社
http://www.ishihara-kagaku.co.jp

〒444-0427 愛知県西尾市一色町赤羽後田 28-1
TEL : 0563-72-8687　FAX : 0563-72-3638
E-mail : info@ishihara-kagaku.co.jp

営業内容 プラスチック容器の企画・設計・製造販売

営業品目 真空成形品、熱板成形品、真空圧空成形品 等

地域によって異なるゴミ出しルールに対応!
エコたまパック
シール
じゃない!
分別カンタン!
ラベルと
パックが別々に
6個入
パック
10個入
パック
ラベルは卵の
上に載せているだけ、
シールじゃ
ないから分別が
カンタン!
Recycle
分別することに
よってもう一度
使える資源になり、
再利用することで
エコに繋がります。
※ゴミの出し方は、各自治体の指示に従ってください
環境にやさしいエコな卵パックです。

小型容器
自然素材容器
機能性容器
ガラス瓶
金属缶

ガラスびん。
それは
美しさを
守るもの。
PROTECT the BEAUTY
Cute Glass
MOIST SKIN LOTION
110ml
120年以上
化粧品のびんを作り続けてきた
私たち日本精工硝子は
ガラスびんの魅力を伝えるための
新たな取り組みとして
自社ブランドのスキンケア化粧品
「CuteGlass」を開発・販売しています。

ガラスびんの伝統と未来を「知る・発見する・感じる」
歴史ある古民家を改築したショップ&ギャラリー

Cute Glass
Shop and Gallery

〒541-0044
大阪府大阪市中央区伏見町2丁目4-4
〈営業時間〉10:00～18:00
〈定休日〉土・日・祝
https://www.cg-shopandgallery.jp/

ガラスびんには夢がある

日本精工硝子株式会社 SINCE 1895

http://www.osg-co.jp

本　社	〒531-0061 大阪市北区長柄西1-2-25	TEL.06-6351-1604	FAX.06-6351-1648
東京支店	〒135-0002 東京都江東区住吉2-8-12 鈴長ビル2F	TEL.03-5669-1604	FAX.03-5669-1605
工　場	〒518-1404 三重県伊賀市甲野1018	TEL.0595-46-1236	FAX.0595-46-1717

鯛篭
弊社の原点の製品です。

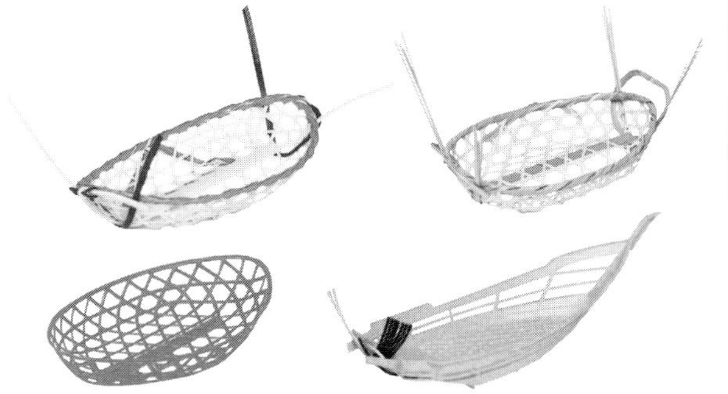

新製品 樹脂珍味カゴ
竹カゴ代替のP・P素材
茶フチと青フチの2色をご用意

商品名	樹脂珍味カゴ
サイズ・重量	Φ80×25H（mm）・重量7g
C/S入数	1500入り（1袋＝50×30）

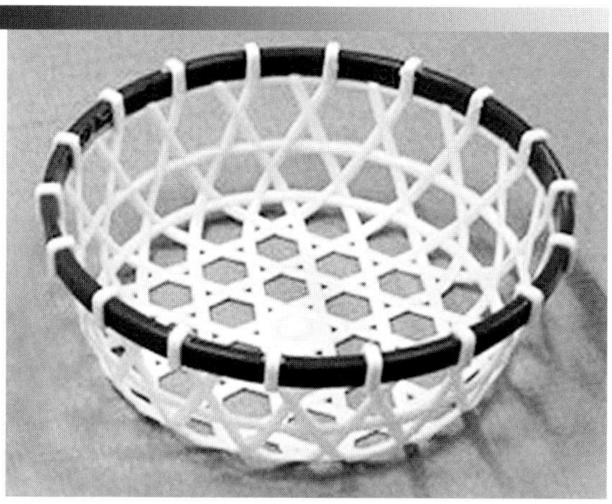

角ザル 新商品 環境配慮型製品 ※意匠登録済
■店内リサイクル資材として経費・ゴミ削減、及び環境対策を応援致します。

角ザルM-81 (P.P)

品番	サイズ（長さ　深さ）	入数（ケース）	色	重量(g)
0286	183×183×50H	300個（50×6）	ブルー ブラック	48

角ザルM-83 (P.P)

品番	サイズ（長さ　深さ）	入数（ケース）	色	重量(g)
0285	208×208×50H	300個（50×6）	ブルー ブラック	56

角ザルM-22 (P.P)

品番	サイズ（長さ　深さ）	入数（ケース）	色	重量(g)
0287	226×130×50H	300個（50×6）	ブルー ブラック	45

角ザルM-81　　角ザルM-83　　角ザルM-22

プラスチック製品製造・各種包装容器
松井化学工業株式会社
〒584-0024　大阪府富田林市若松町3丁目1番9号
TEL(0721)25-5868　FAX(0721)25-9117
松井化学工業　検索
http://www.matsui-co.com

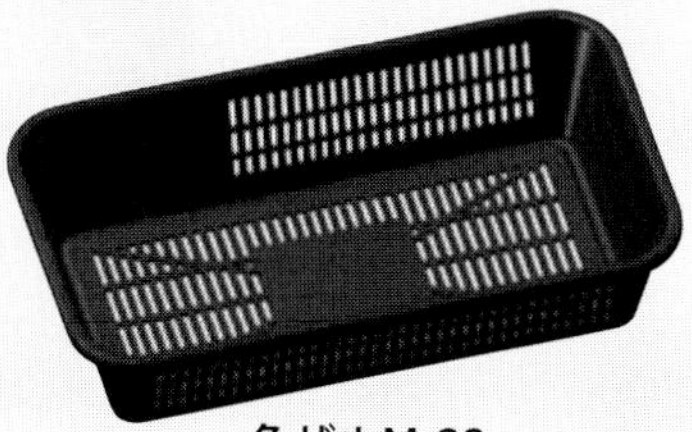

地球にやさしい包装容器

自然が創り出した優れた素材

桶・樽の素材には、サワラ、スギ、ヒノキなど国内産を使用しています。
多くは建築用材を取った残りの端材や、木を大きく育てるために間引きをした間伐材や根の部分など、一般に活用されない材料を無駄なく利用しています。

竹タガ樽

竹タガを使用することで、
地球に優しく高級感のある樽です。
漬物業界で好評!!

ベニヤ樽シリーズ

プラカゴシリーズ

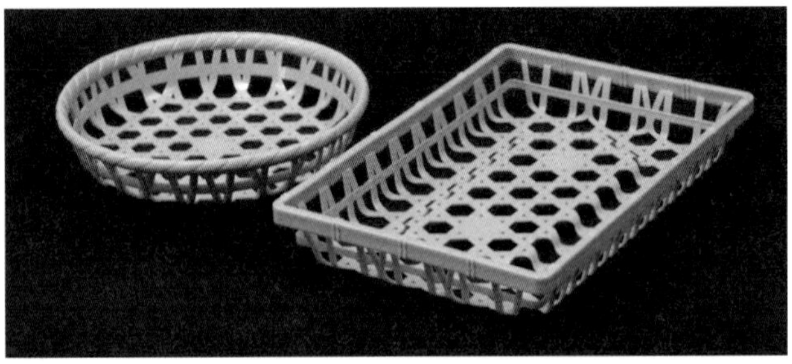

高級化粧樽
プラスチック製品 製造元
株式会社 ゴトウ容器

〒485-0059 愛知県小牧市小木東三丁目105
TEL.0568-77-7786 FAX.0568-73-0184
URL● http://www.gotouyouki.jp/

ラベル
シール
マーキング資材

多品種少量生産品向け

地酒・清酒・焼酎メーカーの皆様に朗報!!

パソコン対応

「手漉和紙ラベル」

■特長

- ●ビンのサイズに合わせてスリットが入っております。サイズは1.8ℓと720mℓと300mℓ。
- ●和紙が持つ自然な風合いをそのまま生かしております。
- ●パソコン対応手漉和紙ラベルは、手でちぎれます。
- ●市販のレーザープリンターなどで印刷できます。
- ●必要な時、必要な枚数だけ印刷できます。

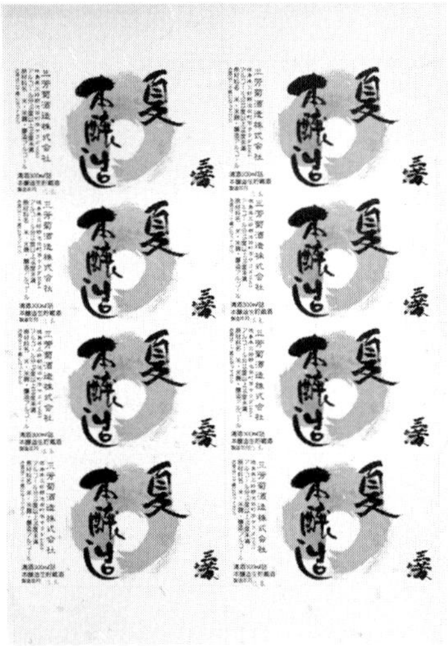

パソコン対応

「和紙タックシールラベル」

KSK
KASUGA SHIKO CO.,LTD.
春日紙工株式会社
〒799-0111　愛媛県四国中央市金生町下分1582
TEL.0896-58-5588　FAX.0896-58-3050

シュリンクラベル

NISSIN
Impression Forever
一生感動※
日新シールは総合軟包装コンバーターとして、常にお客さまに満足いただけるよう「一生感動」を合言葉に「Good Package」を進化させてきました。たとえば「ECO」あるいは「ユニバーサル」……。テーマは限りなく広く、そして深い。挑み、創り、お届けする喜びを胸に抱きながら、さらなる企業努力を続けていきます。
※日新シールの企業コンセプト
大切にしたいキーワード… 素直・エネルギー・地頭
http://www.nissinseal.co.jp

日新シール工業株式会社
〒587-0042 大阪府堺市美原区木材通4丁目2番11号
TEL 072（362）5593　FAX 072（362）6514

軟包装衛生協議会
認定工場取得

テープ

未来につながる「使う」へ

GREEN STYLE
Rinrei Tape

バイオクロステープ

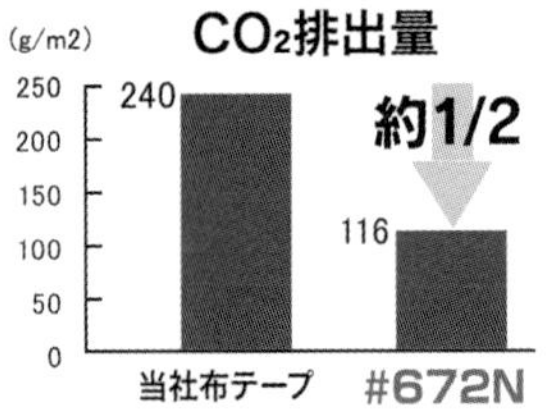

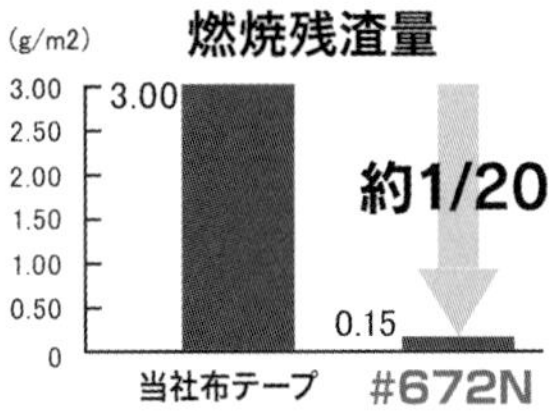

バイオマス
使用部位：テープ本体
No.200165

植物由来のバイオマスポリエチレンを50%
テープの基材に使用した梱包用テープ

燃焼時のCO_2排出量・残渣量が抑えられています

リンレイテープ開発研究所調べ ※比較：当社布テープ

基　材	粘着剤	厚さ mm	粘着力 N/cm	引張強さ N/cm	伸び率 %
バイオPE	合成ゴム系	0.17	6.93	43.4	28

#672N　50mm×25m Made in Japan

ISO 9001 審査登録
ISO 14001 審査登録
栃木工場
JCQA-0559
JCQA-E-0338

あれ、使いやすい！　まだまだ続く貼るものがたり

リンレイテープ株式会社

4ヶ国語表示印刷クラフト粘着テープ

日本語 英語 中国語 韓国語

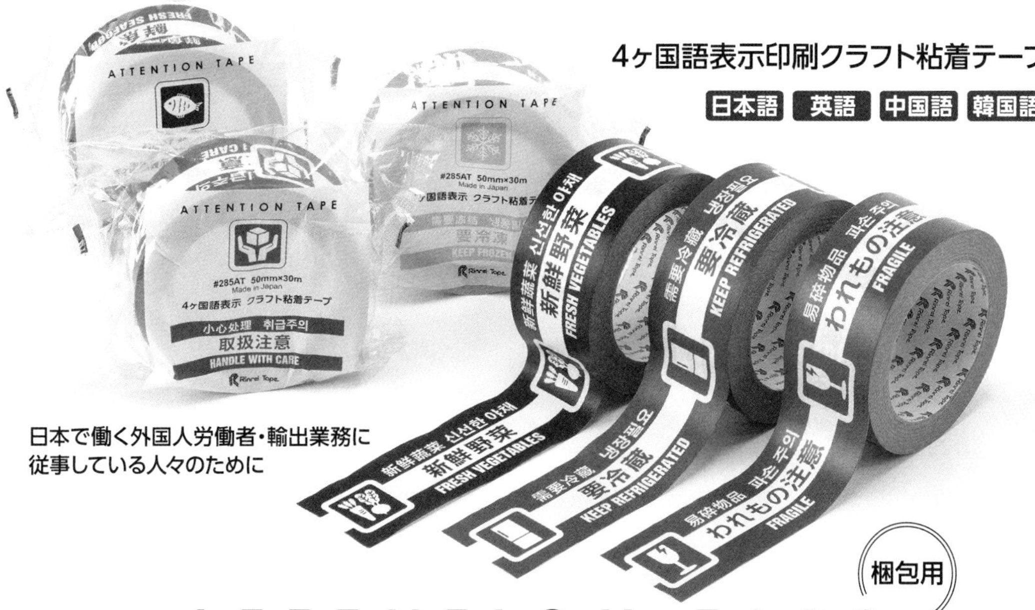

日本で働く外国人労働者・輸出業務に
従事している人々のために

梱包用

ATTENTION TAPE

#285AT 新鮮野菜

【規格】50mm×30m
【入り数】30巻
【印刷ピッチ】133.5mm
ラベル使用 約222枚

T4951107028113

#285AT 鮮魚

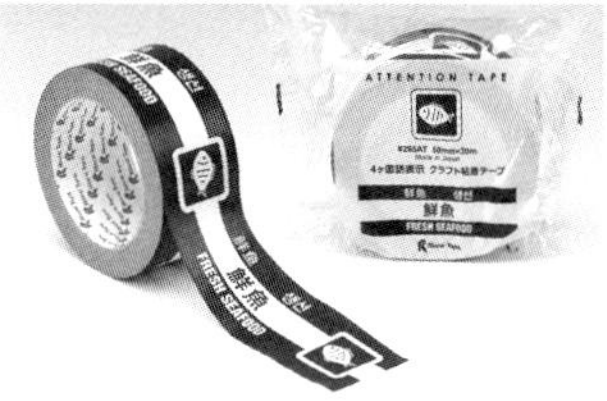

【規格】50mm×30m
【入り数】30巻
【印刷ピッチ】133.5mm
ラベル使用 約222枚
※印刷方向は尻出しです。

T4951107028120

#285AT 要冷蔵

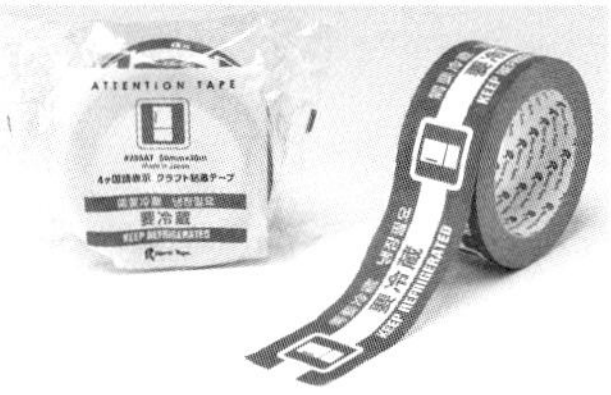

【規格】50mm×30m
【入り数】30巻
【印刷ピッチ】133.5mm
ラベル使用 約222枚

T4951107028137

#285AT 要冷凍

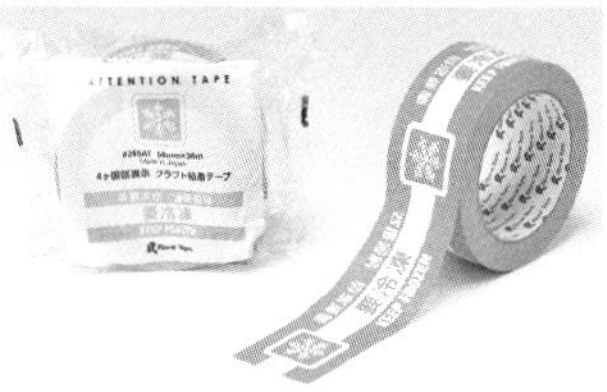

【規格】50mm×30m
【入り数】30巻
【印刷ピッチ】133.5mm
ラベル使用 約222枚

T4951107028144

#285AT 取扱注意

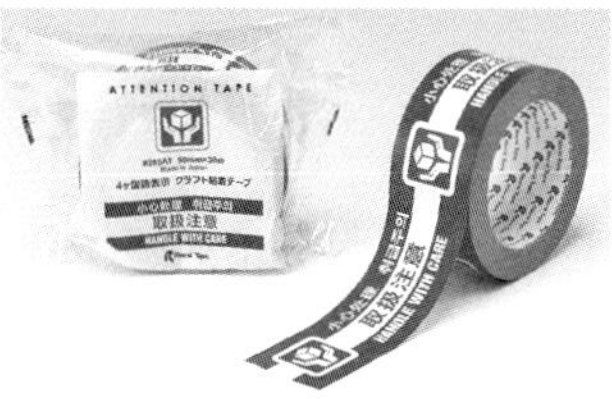

【規格】50mm×30m
【入り数】30巻
【印刷ピッチ】133.5mm
ラベル使用 約222枚

T4951107028151

#285AT われもの注意

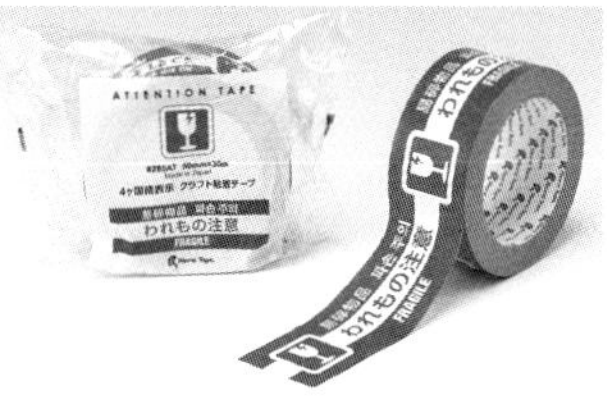

【規格】50mm×30m
【入り数】30巻
【印刷ピッチ】133.5mm
ラベル使用 約222枚

T4951107028168

使用上のご注意
- この製品は、流通・小包・引越し等の荷姿を表示するために開発された包装用粘着テープです。
  輸出入にも対応する4ヶ国語で表記されています。
  その他の用途に使用する場合は事前に安全性を確認の上ご使用下さい。
- 使用温度が低いと貼りつきにくいので、温度10℃以上の時に作業を行って下さい。
- 貼る面のホコリ・油分・水分等をきれいに取り、しっかり押さえて貼り付けて下さい。
- 家具・壁・ガラス・車のボディ等や人体(皮膚)に直接貼らないで下さい。
- 電気の絶縁には使用しないで下さい。
- テープを保管する場合は、直射日光、高温多湿を避け、涼しいところにおいて下さい。

基　材	粘着剤	厚さ mm	粘着力 N/cm	引張強さ N/cm	伸び率 %
晒クラフト紙	合成ゴム系	0.14	8.15	64.8	9

Made in JAPAN

本　　社	〒103-0013 東京都中央区日本橋人形町2-25-13 リンレイ日本橋ビル	TEL:03-3663-1200
東京支店	〒103-0013 東京都中央区日本橋人形町2-25-13 リンレイ日本橋ビル	TEL:03-3663-0071
大阪支店	〒532-0005 大阪府大阪市淀川区三国本町2-1-10	TEL:06-6396-4881
札幌営業所	〒064-0913 北海道札幌市中央区南13条西9-1-12	TEL:011-518-4733
仙台営業所	〒980-0804 宮城県仙台市青葉区大町2-6-14 日新本社ビル4階	TEL:022-214-5681
宇都宮営業所	〒321-0967 栃木県宇都宮市錦3-6-20 TNビル2-A	TEL:028-622-6398
名古屋営業所	〒450-0003 愛知県名古屋市中村区名駅南1-24-30 名古屋三井ビル本館12階	TEL:052-581-5033
福岡営業所	〒819-0022 福岡県福岡市西区福重3-21-35	TEL:092-884-0181

pylon®

バッグシーリングテープ 紙

紙が主成分の手で簡単に切れる

Plastics Smart

共和も本取組みを広げて行くための
キャンペーンへ参加しました。

フィルムのプラスチック
使用量を70%低減[*1]

CO_2排出量減[*2]

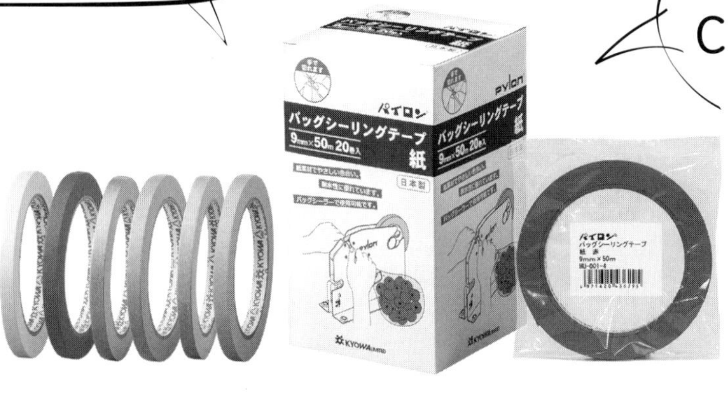

消費者の立場で作った製品です

従来品(プラスチック使用)と同様に使用できます

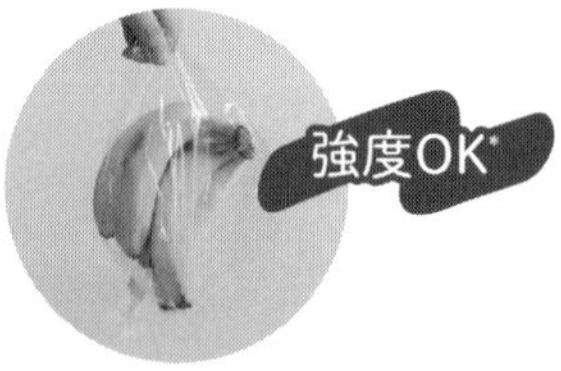

RoHS2指令対応品　グリーンマーク :紙管

RoHS指令有害10物質の規制値をクリア

＊1 自社調べ(弊社バッグシーリングテープ#40の基材に対する重量比)
＊2 自社調べ(弊社バッグシーリングテープ#40の基材に対する燃焼時に発するCO_2の重量比)

結束材

オーバンドは、世界に誇る日本の発明品

大正6年(1917)、西島廣蔵(株式会社共和の創業者)が開発したアメ色ゴムバンドは、
素晴らしい発明だと、当時たいへんな評判になりました。
その純粋なアメ色の美しさと品質の良さは、たちまち人気を集め、全国に知られるようになりました。

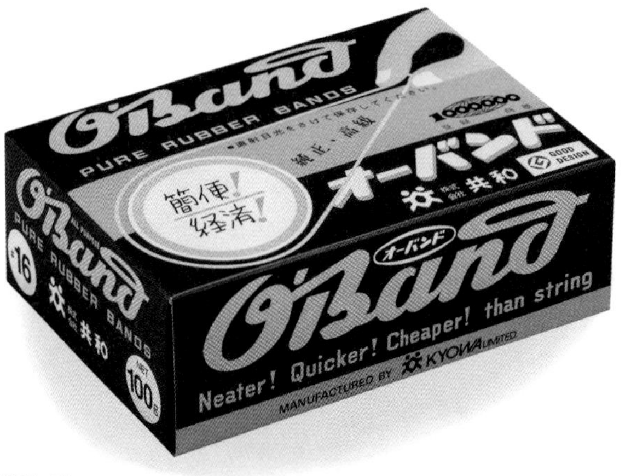

GOOD DESIGN AWARD 2013
——オーバンド100g箱
2013年度
グッドデザイン
ロングライフデザイン賞 受賞

オーバンド公式ブランドサイト

リニューアルOPEN!

オーバンドの公式ブランドサイトがリニューアルしました。輪ゴムの誕生秘話や、輪ゴム選びをお手伝いするコンテンツなど、充実した内容になっています。

https://oband.jp/

ブランドサイト　Instagram

ひねるだけの、かんたんラッピング ビニタイ

ビニ(VINY)には「植物のツル」という意味があります。
しなやかでありながら添え木や支柱にしっかり巻きついて離れない「植物のツル」のイメージを
「ひねって結ぶ」結束ヒモ(タイ)に重ね合わせ、結束タイ関連商品のブランドネームとして採用しました。

ビニタイ公式ブランドサイト

ビニタイの製品情報や、ビニタイの結び方を掲載しています。
ぜひ、右記のQRコードよりご覧ください。

https://vinyties.kyowa-ltd.co.jp

ブランドサイト　Pinterest

株式会社 共和
www.kyowa-ltd.co.jp

大阪本社	〒557-0051	大阪市西成区橘3-20-28	TEL 06-6658-8214	FAX 06-6658-8101
東京支店	〒135-0016	東京都江東区東陽5-29-16	TEL 03-5634-3841	FAX 03-5634-3845
札幌営業所	〒001-0015	札幌市北区北15条西4-2-16(NRKビル801号)	TEL 011-746-6708	FAX 011-746-6659
仙台営業所	〒980-0802	仙台市青葉区二日町16-15(プライムゲート晩翠通6階)	TEL 022-713-7052	FAX 022-713-7054
名古屋営業所	〒464-0850	名古屋市千種区今池4-1-29(ニッセイ今池ビル2階)	TEL 052-745-2020	FAX 052-745-2888
福岡営業所	〒812-0879	福岡市博多区銀天町2-2-28(CROSS福岡銀天町2階201号)	TEL 092-588-1005	FAX 092-588-1006
熊本出張所	〒861-2401	熊本県阿蘇郡西原村大字鳥子312-12	TEL 096-292-2226	FAX 096-279-2882

O'Band

標準ゴムバンド

30g箱

100g箱

300g箱

500g袋

1kg袋

特殊配合ゴムバンド（別注）

耐候性

耐油性

耐熱性

シリコーン製ゴムバンド

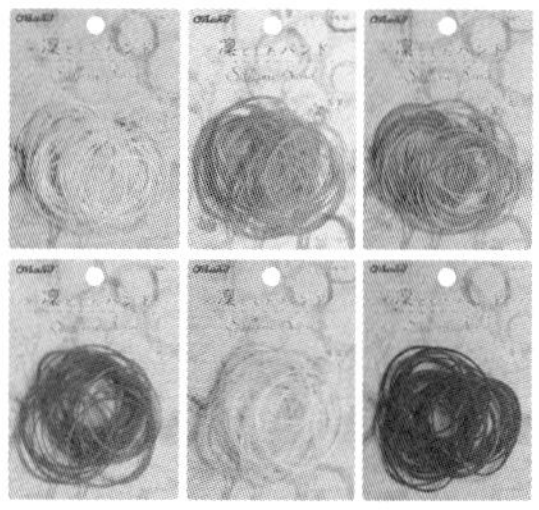
凛としたバンド

シリコーンバンドクレアス

たばねバンド

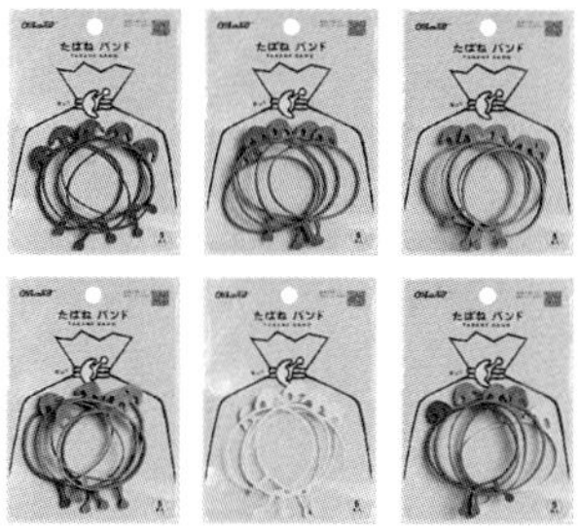
たばね バンド

たばね

QUTTO・SVELTE

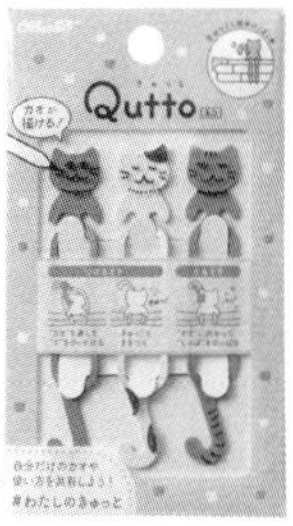
QUTTO

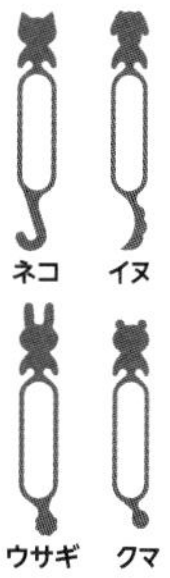

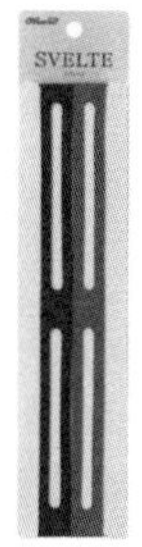
SVELTE

オーバンド缶シリーズ

オーバンド缶

シルバー缶

ゴールド缶

カモフラ缶

オーバンド パック

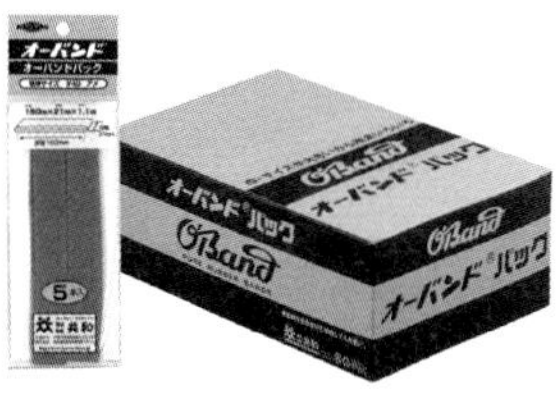
アメ色

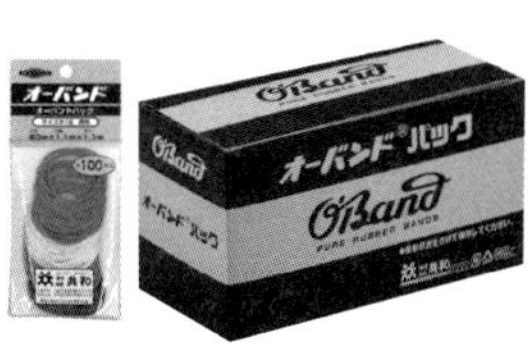
カラー

株式会社 共和
www.kyowa-ltd.co.jp

大阪本社	〒557-0051	大阪市西成区橘3-20-28	TEL 06-6658-8214	FAX 06-6658-8101
東京支店	〒135-0016	東京都江東区東陽5-29-16	TEL 03-5634-3841	FAX 03-5634-3845
札幌営業所	〒001-0015	札幌市北区北15条西4-2-16(NRKビル801号)	TEL 011-746-6708	FAX 011-746-6659
仙台営業所	〒980-0802	仙台市青葉区二日町16-15(プライムゲート晩翠通6階)	TEL 022-713-7052	FAX 022-713-7054
名古屋営業所	〒464-0850	名古屋市千種区今池4-1-29(ニッセイ今池ビル2階)	TEL 052-745-2020	FAX 052-745-2888
福岡営業所	〒812-0879	福岡市博多区銀天町2-2-28(CROSS福岡銀天町2階201号)	TEL 092-588-1005	FAX 092-588-1006
熊本出張所	〒861-2401	熊本県阿蘇郡西原村大字鳥子312-12	TEL 096-292-2226	FAX 096-279-2882

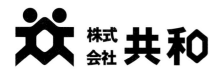

VINY-TIES®

ひねってむすぶさん（3層タイ）

破れにくい紙製ビニタイ。使いやすい少量タイプです。

箱に入れたまま、
好きなところで
カットして使えます

環境に配慮した
紙製ビニタイ&
紙製パッケージ

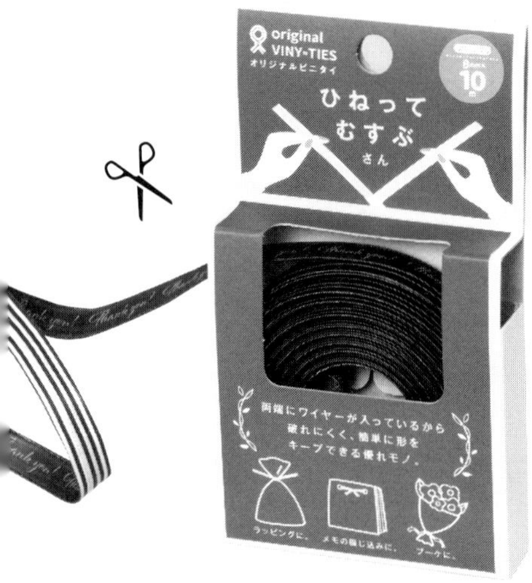

小巻タイプ
●10m巻き（8㎜幅）

小巻タイプ
●8m巻き（12㎜幅）

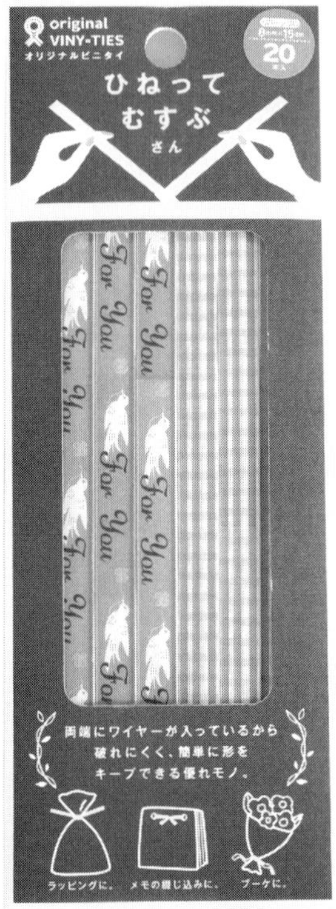

カットタイプ
●20本入（8㎜×15㎝）

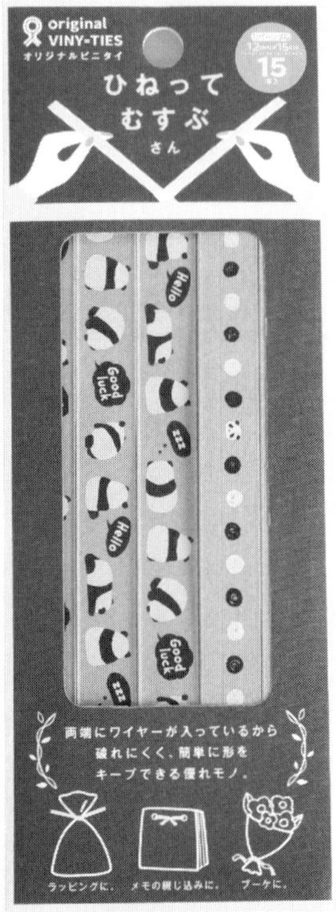

カットタイプ
●15本入（12㎜×15㎝）

8㎜幅

感謝

FORYOU

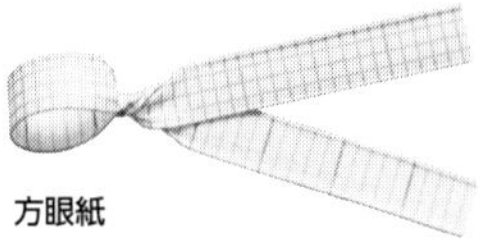

方眼紙

THANKYOU

縁起物

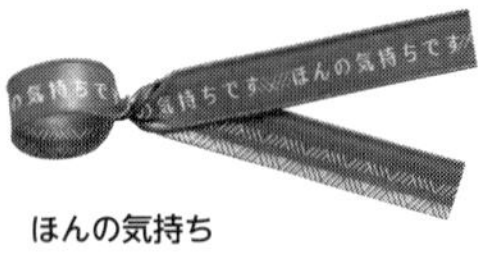

ほんの気持ち

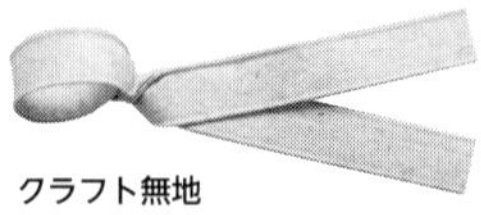

クラフト無地

12㎜幅

アルファベット

パンダ

麻の葉

オリーブ

北欧

株式会社 共和
www.kyowa-ltd.co.jp

大阪本社	〒557-0051	大阪市西成区橘3-20-28	TEL 06-6658-8214	FAX 06-6658-8101
東京支店	〒135-0016	東京都江東区東陽5-29-16	TEL 03-5634-3841	FAX 03-5634-3845
札幌営業所	〒001-0015	札幌市北区北15条西4-2-16(NRKビル801号)	TEL 011-746-6708	FAX 011-746-6659
仙台営業所	〒980-0802	仙台市青葉区二日町16-15(プライムゲート晩翠通6階)	TEL 022-713-7052	FAX 022-713-7054
名古屋営業所	〒464-0850	名古屋市千種区今池4-1-29(ニッセイ今池ビル2階)	TEL 052-745-2020	FAX 052-745-2888
福岡営業所	〒812-0879	福岡市博多区銀天町2-2-28(CROSS福岡銀天町2階201号)	TEL 092-588-1005	FAX 092-588-1006
熊本出張所	〒861-2401	熊本県阿蘇郡西原村大字鳥子312-12	TEL 096-292-2226	FAX 096-279-2882

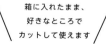

業務出荷資材として最適。豊富な種類とサイズ

マイカロン
巾広く使える手結束紐
一般包装用
材質：PP（ポリプロピレン）

品番	標準巾(mm)	標準重量(kg)	標準長さ(m)	色	入数(巻)
#15	100	1.5	1,000	白・赤・青・黄・緑・紫	5
#20	150	1.5	750	白	5
#30	200	1.5	500	白	5
#50	300	1.5	300	白	5

マイカロープ
比較的重い梱包用
3本撚
材質：PP（ポリプロピレン）

品番	標準巾(mm)	標準重量(kg)	標準長さ(m)	色	入数(巻)
#3	4	1.0	300	白	5
#5	6	1.5	300	白	5
#7	8	1.5	200	白	5
#10	10	1.5	150	白	5

マイカスターコード
伸びにくく、切り口がばらつかない
熱融着紐
材質：PP（ポリプロピレン）

品番	標準巾(mm)	標準重量(kg)	標準長さ(m)	色	入数(巻)
#3	4	1.5	700	白	5
#5	6	1.5	500	白	5
#7	8	1.5	300	白	5
#10	10	1.5	200	白	5

マイカロンミニ
コンパクトな巻き仕立
小口業務用などシュリンク包装
材質：PP（ポリプロピレン）

標準巾(mm)	標準重量(g)	標準長さ(m)	色	入数(巻)
100	500	300	白	40

マイカロープミニ
引越荷造用などミニタイプ（3本撚紐）
切り口がばらつかない熱融着紐、シュリンク包装
材質：PP（ポリプロピレン）

品番	標準径(mm)	標準重量(g)	標準長さ(m)	色	入数(巻)
#2A	3	230	85	白	40
#3A	4	230	70	白	40
#5A	6	230	45	白	40

比較的手軽な包装・荷造り用に。

マイカロン玉巻
カラフルで手軽な汎用玉巻紐
シュリンク包装
材質：PP（ポリプロピレン）

品番	標準巾(mm)	標準重量(g)	標準長さ(m)	色	入数(巻)
E	70	300	300	白・赤・青・黄・緑・紫	40
F	35	320	500	白・赤・青・黄・緑・紫	40

リストンテープ（レコード巻）
一般軽包装・装飾用に
シュリンク包装
材質：PE（ポリエチレン）

品番	標準巾(mm)	標準重量(g)	標準長さ(m)	色	入数(巻)
リストンテープ	50	500	500	白・赤・青・黄・緑・紫	30

ジョビー
自動結束機用テープ
製本・段ボールシートなど
材質：PE（ポリエチレン）

品番	標準重量(kg)	標準長さ(m)	色	入数(巻)
#28	2.0	3,600	白・赤・青・黄・緑・紫	12
#35	2.0	3,000	白・赤・青・黄・緑・紫	12
#50	2.0	2,200	白・赤・青・黄・緑・紫	12

ジョビーR
自動結束機用片撚紐
農水産物・宅配物など
材質：PP（ポリプロピレン）

品番	標準重量(kg)	標準長さ(m)	色	入数(巻)
#6000	2.0	3,000	白	12
#7000	2.0	2,600	白	12
#8000	2.0	2,250	白	12

マイカキープ
PPバンド用ストッパー
材質：PP（ポリプロピレン）

品番	規格(m)	入数(巻)
#12	12	1,000×10
#16	16	1,000×10

石本マオラン株式会社

URL：http://www.maolan.co.jp

本社	〒110-0016	東京都台東区台東1丁目36番3号	TEL.03-3833-7791
大阪営業所	〒541-0054	大阪市中央区南本町4-5-7　東亜ビル8F	TEL.06-6245-6881
名古屋営業所	〒450-0002	名古屋市中村区名駅3-11-22　IT名駅ビル	TEL.052-561-0611
渥美工場	〒441-3609	愛知県田原市長沢町稲葉1番地2	TEL.0531-33-0001

CERTIFIED MANAGEMENT SYSTEM JQA ISO 9001:2000
JQA-QM8572

CERTIFIED MANAGEMENT SYSTEM JQA ISO 14001
JQA-EM4957
渥美工場

緩衝材

パルプモウルド

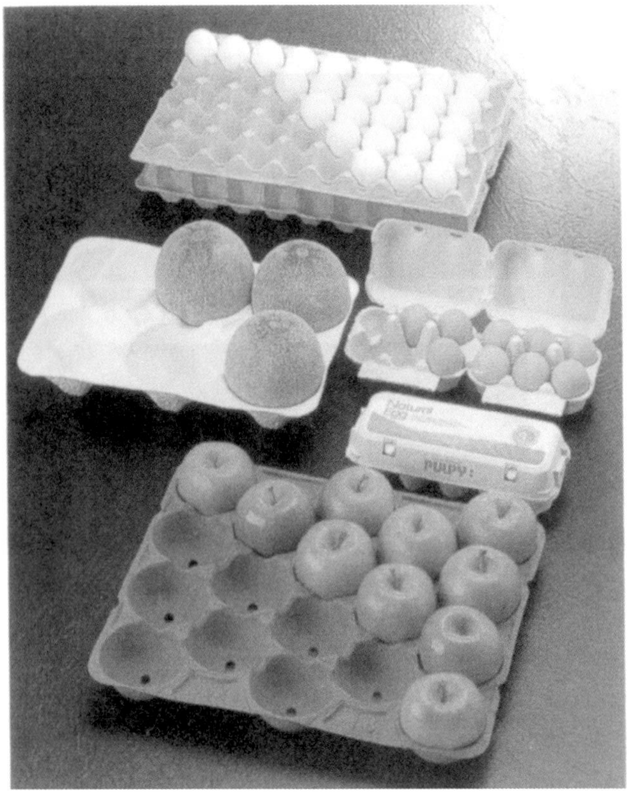

鶏卵・青果物用パルプモウルド

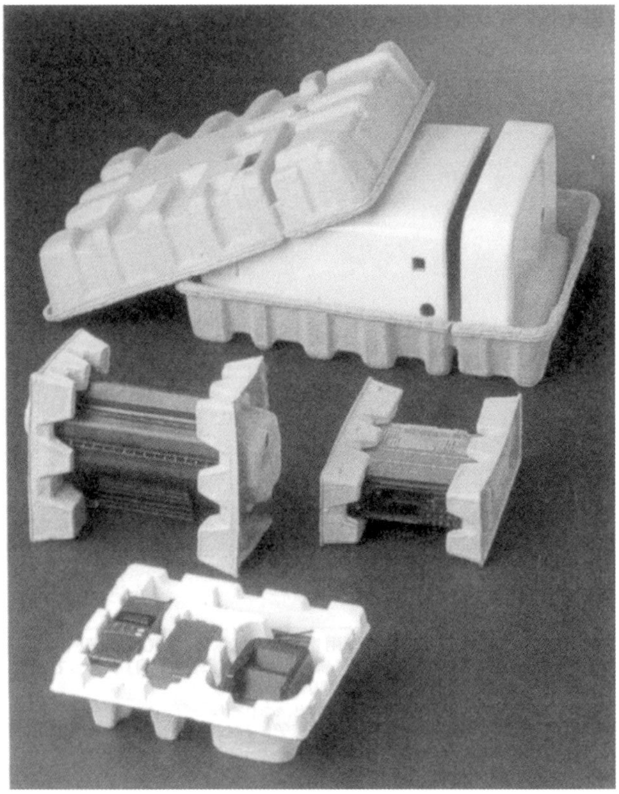

工業用パルプモウルド

失いたくない、緑。汚したくない、自然。環境保全のために、リサイクルによるパルプモウルドです。
さまざまなカタチを、しなやかに、つつむ。
パルプモウルドの使用で、環境と資源を守る、行動を示せます。

特　徴

●環境・資源保護

古紙利用のリサイクル製品なので、資源の節約に貢献できます。

●廃棄処分が容易

紙製品のため焼却・埋立処分ができ、無公害。また回収・再利用が可能です。

●自社設計のリブ構造

リブ構造により、発泡スチロールと同等の緩衝効果が得られます。

●精度・美粧性

アフタープレスを施すことにより、精度及び美粧性が向上します。

●企業姿勢をアピール

パルプモウルドを使用することで、企業の環境保護に対する姿勢をアピールできます。

<対象品>

家電、音響、弱電製品、衛生陶器、etc
…緩衝材、固定材に

大石産業株式会社

福岡県北九州市八幡東区桃園2丁目7番1号
TEL.093-661-6511　FAX.093-661-1641

■東北営業課
青森県上北郡おいらせ町中平下長根山1番地145
TEL.0178-56-3112　FAX.0178-56-4310

■関東営業課
茨城県北茨城市中郷町日棚宝壷1471番地29号
TEL.0293-43-6125　FAX.0293-42-4767

Arrow Anchor®
■PAT No.5733692
「アローアンカー」は、
発泡緩衝ブロックとプラスチックダンボールとの
接続固定や発泡緩衝ブロック同士の接続固定を
簡単な作業で素早く確実にすることができます。
シンプルだから実現できた、 使いやすさと機能の両立。

特許取得済み

「アローアンカー」の技術は、
特許として認められました。

打ち込むだけで簡単に使える

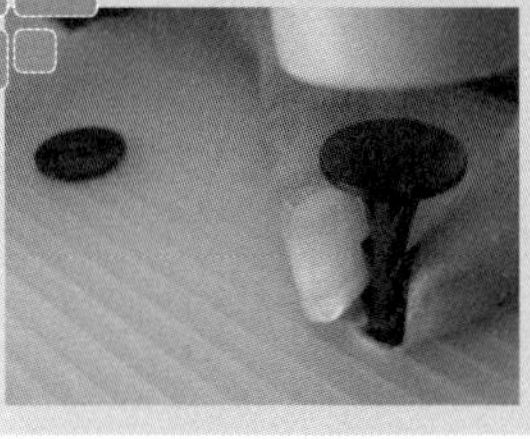

ハンマーひとつで発泡緩衝ブロックとプラスチックダンボールの接続固定・補強・補修が出来ます。
使い方は釘のような感覚で打ち込むだけ！とても簡単下穴も必要ありません。

素早く確実に固定

「アローアンカー」は 特有の矢印の様な形で発泡緩衝材の内部破損を最小限に！
発泡緩衝材・プラスチックダンボール同士をしっかりと固定します。

コストの削減

「アローアンカー」は
様々な面でコスト削減が可能です。
製造工程上での工数と無駄な部材の削減！
今まで修繕にかかっていた費用はもちろんのこと、作業時間というコストの削減も可能。また、作業そのものの簡易化により作業指導時間をも削減できます。

環境に優しい リサイクル&エコロジー

廃棄処分を行う際の解体や分別作業を無くし、そのままリサイクル。リサイクルを促進することで地球環境保全にも貢献が出来るので極めてエコロジーです。

コトーのお仕事、 それは
これまでも。。。 これからも。。。
ヒトにも地球にも優しい
『包む何か』 を創ること

パッケージ＆物流を
ECO 楽しくトータルサポート
します！

株式会社コトー
〒463-0087 愛知県名古屋市守山区大永寺町237
TEL.052-793-5531　　FAX.052-793-3568

知りたい情報満載
詳しくは WEB で アローアンカー 検索

https://www.koto-line.co.jp

ご質問・ご依頼などのお問い合わせは、
TEL: 052-793-5531
または **ホームページメールフォーム** よりどうぞ。

大型容器
フレコン
パレット
コンテナー

物流の改革と製品の安全性を追求します

ダイテックボックスSD

洗浄可能で衛生的なボックス

底4コーナーに熱溶着によるシール加工を施し、水・油・粉などが漏れない箱も作成できます。
また、空気の通り道を作った穴あきタイプは食品関係など、乾燥や冷蔵を必要とするものにおすすめです。様々な分野での活躍が期待できます。

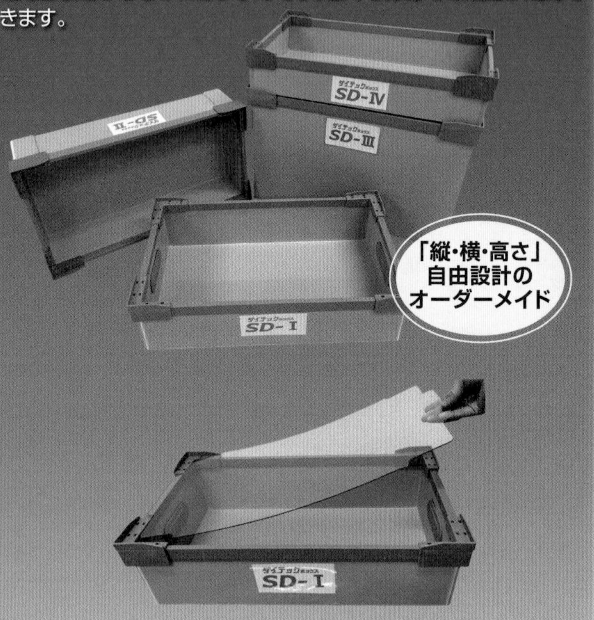

オプションで透明のフタを作成することも可能

●進化してきたボックス

旧タイプ

プラダンボックス

プラスチックコンテナー

新タイプ

ダイテックボックスSD
・お好きなサイズで作成
・簡単に洗浄ができる
・手触りがなめらか
・汚れがつきにくい

キャップ&トレイ

簡単・便利に使えるマルチなトレイ

パレットカバー、合紙（アイシ）、フタ、天板など考えられる用途はさまざま。単一素材で4辺が立ち上がっているため、反り曲がりの強度UP。また、4角も熱溶着されているため、異物が侵入しにくい。パレットに装着したまま輸送、保管もできます。

●キャップ&トレイの使用方法

15mm~80mm の薄い箱に最適

使用方法	効　果
身蓋ケース	☆高さの低い箱でもシートの反発はありません! ☆身蓋でも、使わない時でもスッキリ収納。 ☆4辺溶着で湿気や異物を排除。 ☆液体、粉粒体の受けとしてもGOOD!
合　紙	☆荷崩れ、荷割れ防止を補助!　安心、安全に輸送。
フ　タ	☆パレット下からの湿気や異物を排除。 ☆表面がフラットの為、積み荷にパレットの痕が残りません。

●形状、材質、寸法に合わせてオーダーメイド

さまざまな材質で対応可能

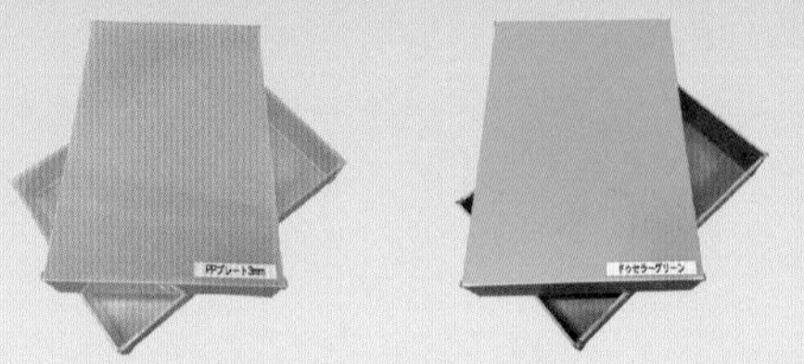

PPプレート3mm　　ドゥセラーグリーン　など

●用途に合わせた材質選択

粉粒体　液体
食品　医薬品
→

低発泡PP板

重量物
フィルム
→

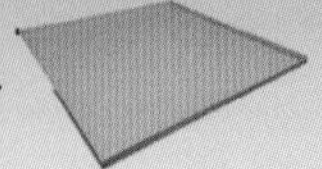

PPソリッド板、シングルコーン、プラパール

人と地球にやさしいモノづくりを…

第一大宮株式会社　http://www.no1ohmiya.co.jp

本社・大阪営業所／〒566-0045 大阪府摂津市南別府町16-16 TEL.06-6340-0909㈹ FAX.06-6340-0006
東京営業所／〒103-0012 東京都中央区日本橋堀留町1丁目8-10 三ツ美ビル3F TEL.03-5614-7773㈹ FAX.03-5614-7774

YouTube 第一大宮

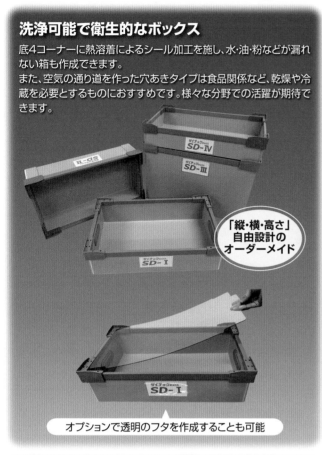

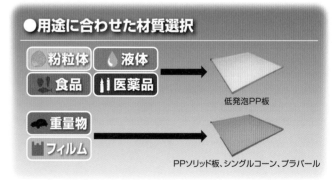

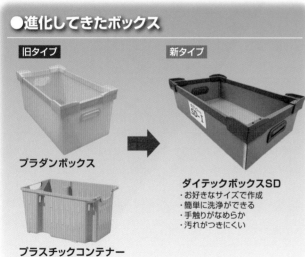

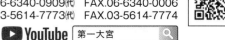

小容量・ワンウェイ容器 スパウトバッグ

スパウトバッグとは…

BIB（バッグインボックス）とパウチのハイブリッドとして誕生した新しい容器です。その特長は、「立体形状」、「減容・減量化」、「大口径スパウト」。 使い方は従来の業務用途に縛られることなく、消費者の使い方に合わせて自由な発想を表現できます。スパウトバッグは利便性と環境貢献性を兼ね備える、サスティナブルな容器です。

容量	口径（mm）
5ℓ	φ32
4ℓ	
3ℓ	

立体形状だから…

最大の特長は、容器の上下にマチがあり、最後まで液残りなく、しっかり使い切ることができること。口部は上下に動くのでスパウトバッグをたて置き、横置きでも使うことができます。

減容、減量化に！

フィルムで作られた容器なので、使用前と廃棄時はぺったんこになります。使用前の在庫スペースも減らせ、同容量のペットボトルと比べると、体積は1/5。運送時のCO2排出量とコスト削減に効果があります。

大口径スパウトだから…

口部の直径は一般的なペットボトルのφ21mmと比べφ32mmと大口径。ソースやはちみつのような粘性のある液体や粒状の内容物でも簡単に出し入れできます。

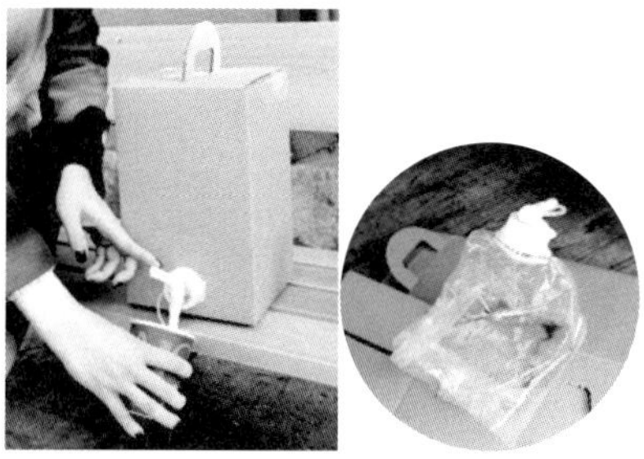

ほこり・雨・紫外線から商品も守る シルバーパレットカバー

・耐候剤を添加しており通常のブルーシート製のカバーよりも長期間のご使用が可能です。
・裾絞りロープ入りのため風によるバタつきを抑え、裾の位置決め調整も簡単です。

※パレットは別売り

■標準仕様表

		幅（mm）	奥行（mm）	高さ（mm）
寸法	①	1,200	1,200	1,300
	②	1,300	1,300	1,200
材質		ポリエチレンラミネートクロス/UV＃3400シルバーブラック		
入数		10枚		

樹脂・木パレットを使用しない運搬方法 バロンパレットモッコ

・使用後コンパクトに折りたためる ・工事現場への運搬に
・クレーンなどの玉掛でも使用可能 ・肥料袋、鶏糞袋、培養袋の運搬に

材質	ポリプロピレン	入数	20枚

シートサイズ(mm)	ベルトの長さ(mm)	最大積載寸法(mm)	最大荷量(kg)
1,150×1,150	1,200	1,000×1,000×1,000	1,000

小泉製麻株式会社
https://www.koizumiseima.co.jp

営業本部：〒657-0864 神戸市灘区新在家南町1丁目2番1号
BIB営業部 TEL.078-841-9342 FAX.078-841-9349
物流資材事業部 TEL.078-841-9344 FAX.078-841-9349
東京支店：〒162-0842 東京都新宿区市谷砂土原町2丁目7番15号 1F
TEL.03-5227-5325（代表） FAX.03-5227-5328
福岡事業所：〒812-0013 福岡市博多区博多駅東1丁目10番30号 4F
TEL:092-474-8300 FAX.092-474-8311
本社：〒657-0864 神戸市灘区新在家南町1丁目2番1号
TEL.078-841-4141（代表） FAX.078-841-4145

リメイクパレット（再生パレット）

〈リメイクパレットとは〉

①パレットの分解

ダメージの著しいパレット、原料などの輸入時に付いてきたパレットなど、不要なパレットを分解

リメイクマシンのカッター部

どちらか一面の板を切り離す

もう一面の板を切り離す

全ての板と桁をバラバラに

②材料の切りそろえ

分解した材料に残った釘を処理し、必要であれば
長さを切りそろえる

取り出した板のカット

取り出した桁のカット

③パレットの製作

取り出された材料を使って
パレットを製作

パレットへ生まれ変わります

④マテリアルリサイクル

使えない材料は、
外壁ボード原料などの
マテリアルリサイクルへ

使えない材料はマテリアルリサイクル

導入メリット

- **ゼロエミッションに貢献**
  不要パレットの有効活用で廃棄物の排出量を減らします
- **新規購入費を削減**
  リメイクパレットの活用で、パレットの新規購入費を削減
- **廃棄処理費用を削減**
  廃棄物の処理費用の大幅な削減
- **サスティナブルな物流環境へ**
  リメイク(作り直し)、リユース(再利用)、リペア(修繕)の組み合わせにより地球環境にやさしい物流環境をお手伝い

防虫処理不要の輸出パレット「LVLパレット」

輸出パレットの決定版！

累計出荷台数
50万台突破!!

各国の検疫規制（国際基準No.15）対象外の素材です。規制が厳しくなる傾向にある中国向けにも対応いたします。一般的な針葉樹材に比べ強度が高くコストダウンが可能。お客様のニーズに合わせたオリジナルサイズでお届けします。

ダイトーロジテム株式会社

愛知県弥富市楠2－9
電話　0567-68-1930　FAX　0567-68-1933
ホームページをご覧ください。　http://daito-logitem.jp/

接着剤
インキ

抗菌プラス

SIAA登録商品

におわなインキ®

インキ臭を抑えた印刷です

http://www.miyakoink.co.jp

「におわなインキ抗菌プラス」は抗菌性が評価されたSIAA（一般社団法人抗菌製品技術協議会）登録商品です。

「におわなインキ抗菌プラス」を使用することで持続性がある「抗菌性」とニオイを抑えた「低臭性」を合わせた付加価値を印刷物に付与します。

無機銀系の抗菌剤を使用していますので、安全性が高く抗菌性の持続性も優れています。抗菌剤と同様に他の成分も安全性、低臭気、性能を考慮し厳選された素材にくわえて特殊な吸着剤を使用しインキのみならず印刷物のニオイを低減します。

MIYAKO INK

印刷インキと資材の都インキ株式会社

都インキ株式会社

www.miyakoink.co.jp

都インキ

【本社・工場】
〒538-0044 大阪市鶴見区放出東1-7-13
TEL 06-6961-0101 FAX 06-6961-0303

【東京支店】
〒134-0084 東京都江戸川区東葛西4-24-4
TEL 03-6456-0525 FAX 03-6456-0526

プラスチック袋
紙袋

mini mini スライダーポーチ

**特許を取得したオリジナルスライダーを装着した
小型の多目的収納ポーチです。**

グラビア印刷の色彩と薄膜フィルムにスライダーがドッキング!
そのまま「小分け袋」は勿論、外装袋やスターターキット用に便利!

特長

- スライダーはチャックの開閉が簡単便利です。
- スライダーはカラフルな色で、ツートンカラーも可能です。
- 縦開きも可能です。

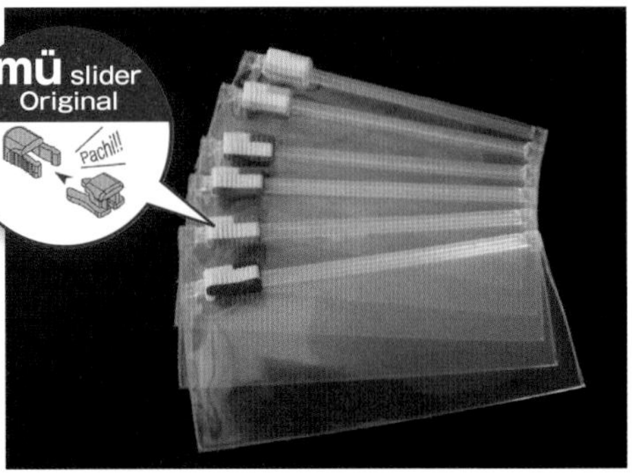

mü Slider ミュースライダー

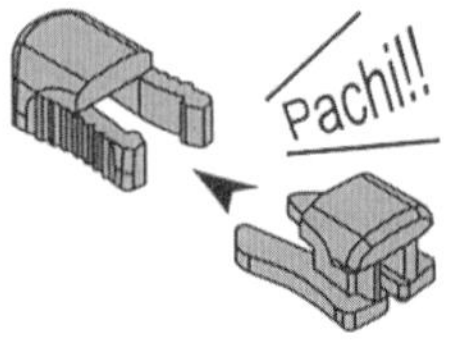

特許取得品

世界初! ツートンカラーのスライダー

一般に広く使用されている一対型の発想を払拭し、
分離型として開発いたしました。(二つのパーツを
嵌合させて一つのスライダーにします。)

ツーパーツだから…
カラーの組み合わせによって、愛らしさが芽生え、
売り場での訴求効果が期待されます。

müpack
株式会社 ミューパック・オザキ
〒581-0042　大阪府八尾市南木の本5丁目2番地
TEL.072-991-1505　FAX.072-993-9946
ミューパック·オザキ　検索

ハイパック チャックテープ＆チャック付袋

新時代のチャックテープ。使いやすさと耐久性に優れたチャック。

センティ/CENTY

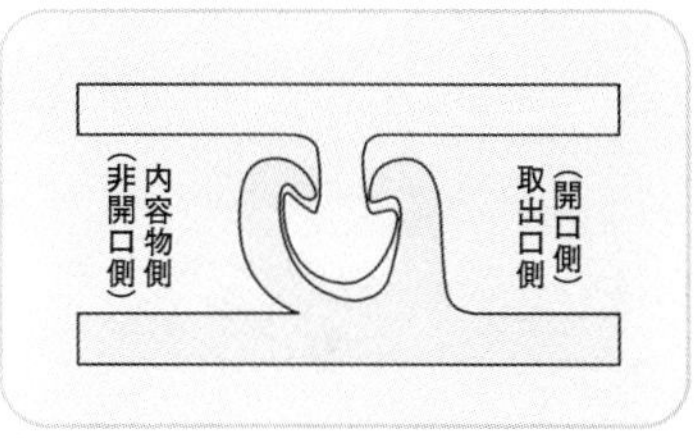

■特長

開口側（取出口側）からは開け易く、非開口側（内容物側）からは非常に開き難い構造です 。

■構造

左右非対称の鍵爪が外側の強度を低く抑え、かつ開閉繰り返しの耐久性を大きく向上させています。

■用途

お年寄りからお子様までの力の弱い方々にも開封しやすく、菓子や医薬錠剤等、繰り返し開閉を必要とする用途等。

特許　日本No.4049933　米国No.6539594　韓国No.10-0637969

高密封チャックの決定版。密封できるチャック。重袋用に最適。

エクシール/EXSEAL

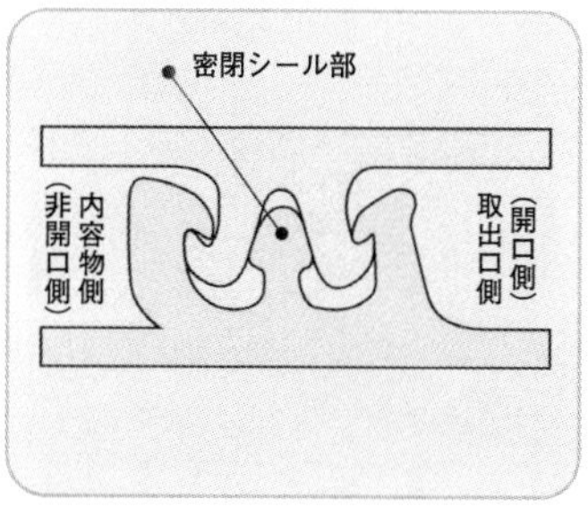

■特長

耐衝撃性が優れているために、重量物や液体をいれて落下させてもチャックが開きにくくなっています。

■構造

チャック内部に形成されいている独立したシール部が、密封性を保ちます。

■用途

密閉できますので金属缶やガラス壜の代替が期待できます。

使いやすさと耐久性に優れたスマートなチャック付の加工袋です。

AZ袋

〈フィルムにチャックを押し出し加工して製作した袋〉

■特長

- ・使用フィルムは単層〜三層共押出し〜ラミネート、PE、LL、CP、OP//CP等豊富です。
- ・多色（7色以上）、繊細な印刷が可能です。
- ・1版で袋の両面に印刷できます。
- ・溶断シールで袋幅いっぱいに内容物がはいります。

粉体包装に

LL-13NC

・チャック内に広い空間を保有し、内容物が付着しても目詰まりしにくい設計

・特殊形状により嵌合時のパチパチ感が良好

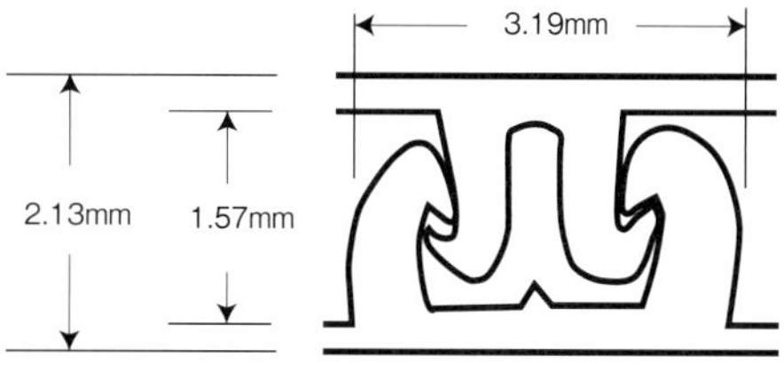

超密閉チャックテープ『Wエクシール』付

超大型袋

大型袋と高性能チャックの組み合わせで用途が広がります!

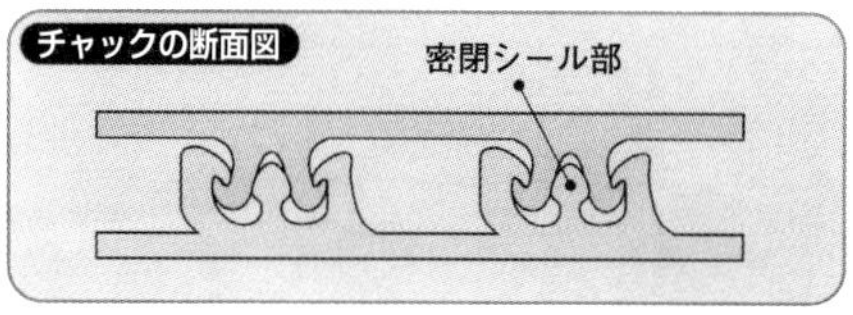

■特長

大きな開口でもチャック＆スライダーで簡単に閉じることができ、ヒートシーラーが必要ありません。最新の設備により外寸2,000mm×1,100mmまでの袋の製造が可能です。

■構造

特殊形状の高密閉チャック『エクシール』が2本並んでいます。これで密閉性、安心感も更に倍!ヒートシール無しでも高い密閉性が得られます。

■ 用途

チャックからの湿気・酸素の進入を高度に遮蔽でき、品質を長持ちさせます。固体液体混合物の一時保存用容器として使えます。現地作業等、ヒートシーラーの無い場所での大型袋の密閉が可能です。

低温ヒートシール化により仕上がりが綺麗なチャック。

KS-13

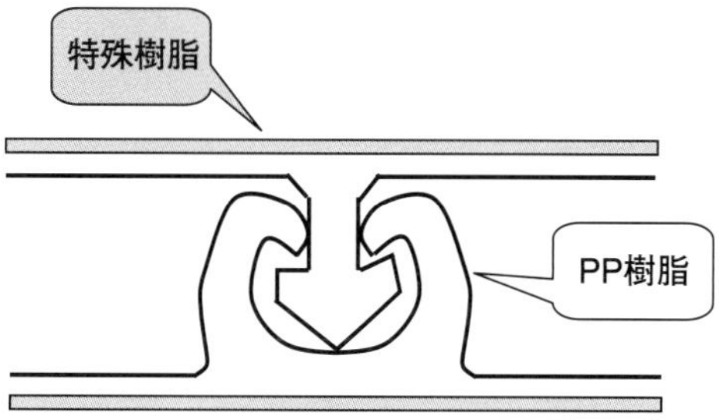

■特長

- ・シーラントを選ばずシールが可能（PE、PP）
- ・低温ヒートシール化により仕上がりが綺麗（従来チャックより20〜30°Cの低温シール化）
- ・嵌合時のパチパチ感が向上
- ・高強度チャックと同等の嵌合強度

嵌合強度（N/50mm）	
開口側	非開口側
10N	70N

※値は代表値であり保障値ではありません。

ハイパック株式会社

URL http://www.hi-pack.jp

〒105-0012　東京都港区芝大門一丁目13番7号
TEL（03）6860-8189 FAX（03）5403-6770

大阪営業所　〒550-0011　大阪市西区阿波座一丁目4番4号（野村不動産四ツ橋ビル3階）
TEL（06）6578-5209　FAX（06）6578-5220

龍野工場　〒679-4155　兵庫県たつの市揖保町揖保中251番地1
ISO9001 ISO14001　TEL（0791）67-0682　FAX（0791）64-9036

はたらく チャック袋たち
セイニチ グリップス®

環境配慮型の製品が登場!

スタイリッシュな
フラットボトム登場!

ラミジップ® フラットボトム 規格品

ナイロンタイプ

冷凍可 容器包装識別マーク

・優れた自立安定性 ・立体的な角底形状でディスプレイ効果抜群

仕様:フラットボトムタイプ、4本リブ、4角Rカット、Rノッチ

品番	チャック上+チャック下 × 袋巾(ガゼット巾)	構成	1ケース入数(枚)	1袋	概算容積
LZKZ-1214	32mm+140mm×120mm(30)	NY#15 // LLDPE#80	1,000	50枚	約500cc
LZKZ-1416	32mm+160mm×140mm(35)		800	50枚	約800cc

バリアタイプ

ガスバリア性 防湿性 脱酸素剤使用可 遮光性 容器包装識別マーク

・従来比、1.5倍のアルミ蒸着量により高いバリア性と遮光性を実現

仕様:フラットボトムタイプ、4本リブ、4角Rカット、Rノッチ

品番	チャック上+チャック下 × 袋巾(ガゼット巾)	構成	1ケース入数(枚)	1袋	概算容積
VMKZ-1214	32mm+140mm×120mm(30)	PET#12 // アルミ蒸着PET#12 // LLDPE#60	1,000	50枚	約500cc
VMKZ-1416	32mm+160mm×140mm(35)		800	50枚	約800cc

サイド、ボトムにガゼットがついた形状の為 容量が大幅アップ

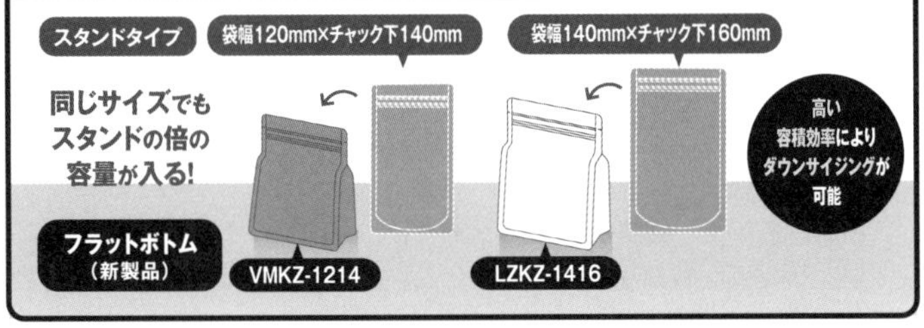

ラミジップ® エコバリアペーパー 規格品
(スタンドパック 純白紙タイプ)

ガスバリア性 防湿性 脱酸素剤使用可 遮光性 紙基材

仕様:スタンドタイプ、2本リブ、4角Rカット、Iノッチ、サイド6mmベタシール

品番	チャック上+チャック下 × 袋巾(ガゼット巾)	構成	1ケース入数(枚)	1袋	概算容積	概算内容量 例:小麦粉
EBP-1216	32mm+160mm×120mm(35)	純白紙60g // アルミ蒸着PET#12 // LLDPE#30	1,300	50枚	280cc	約200g
EBP-1418	32mm+180mm×140mm(41)		1,100	50枚	500cc	約350g

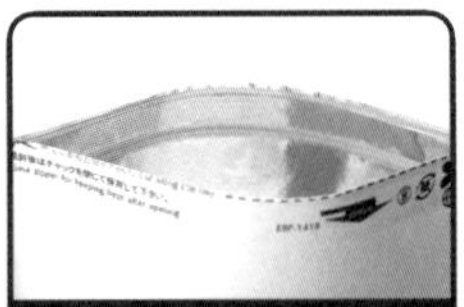

独自のチャックにより
チャックテープと比較して
プラスチックの使用量約30%削減!

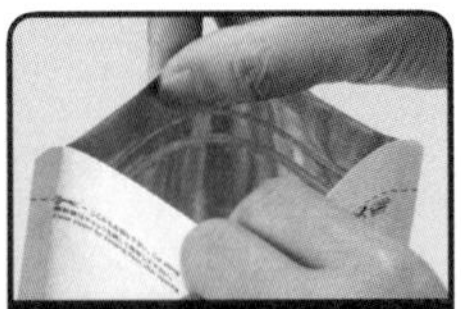

アルミ蒸着PETの
高いバリア性により、
幅広い用途に対応!

パウチの主原料が紙素材
OPニス、黒インキに
バイオマスインキを使用

食品・医療用途向け
純白紙を採用

はたらくチャック袋たち
セイニチ グリップス®

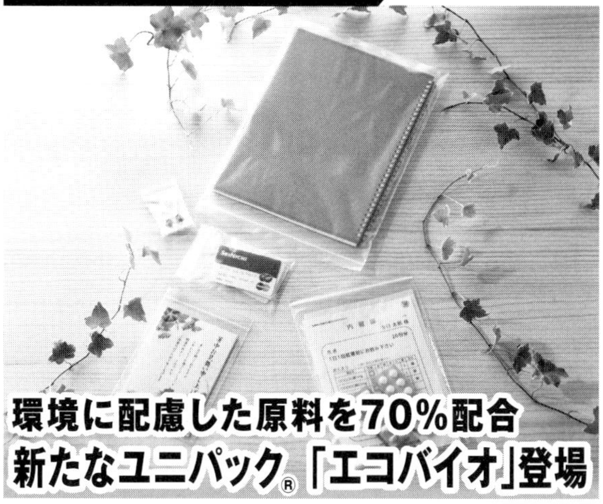

ユニパック® エコバイオ(チャック付ポリエチレン袋)

CO₂排出量の削減に貢献

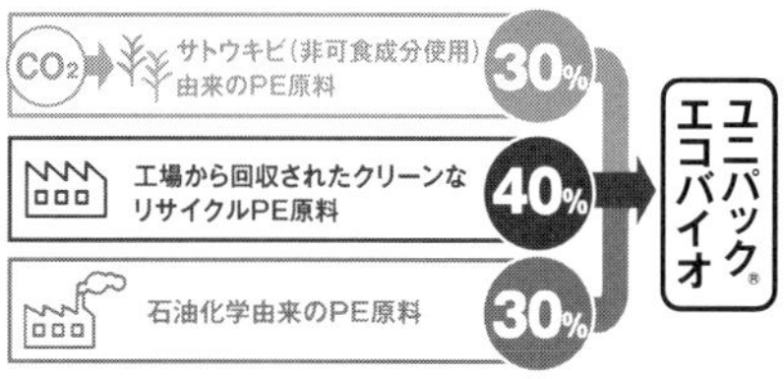

バイオマスマーク NO. 210225
バイオマスプラマーク NO. 874
エコマーク プラスチックの再利用40%以上 認定番号 第21 128 016号

バイオマスマーク、バイオマスプラマークは、生物由来の資源(バイオマス)を利用して、安全で循環型社会の形成に貢献し、地球温暖化防止に役立つ商品につけられる環境ラベルです。

エコマークは、「生産」から「廃棄」にわたるライフサイクル全体を通して環境への負荷が少なく、環境保全に役立つ商品につけられる環境ラベルです。

品番	チャック下 × 袋巾 × 厚み	1ケース入数(枚)	1袋	外袋JANコード	ケースJANコード
ECO A-4	70mm×50mm×0.04mm	18,000	100枚	4909767165013	4909767167017
ECO D-4	120mm×85mm×0.04mm	9,000	100枚	4909767165044	4909767167048
ECO F-4	170mm×120mm×0.04mm	5,500	100枚	4909767165068	4909767167062
ECO H-4	240mm×170mm×0.04mm	2,500	100枚	4909767165082	4909767167086
ECO J-4	340mm×240mm×0.04mm	1,500	100枚	4909767165105	4909767167109

ラミジップ® 平袋 クラフトVMタイプ 規格品

クラフト紙が自然な風合いを表現

紙という自然素材から受けるナチュラルな印象が内容物を引き立たせます。

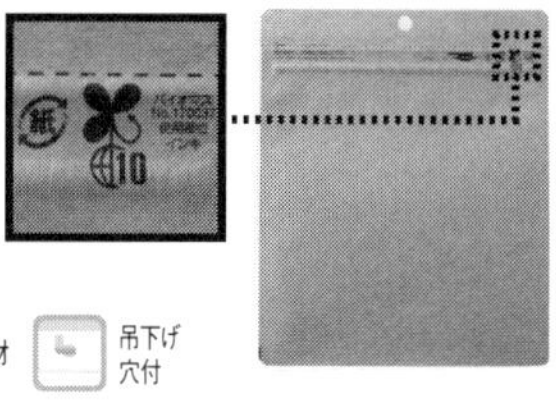

ガスバリア性　防湿性　脱酸素剤使用可　遮光性　紙基材　吊下げ穴付

仕様:平袋タイプ、2本リブ、4角Rカット、Iノッチ、ラベルシール、チャック上吊下げ穴付

品番	チャック上 + チャック下 × 袋巾	構成	1ケース入数(枚)	1袋	外袋JANコード
KRVM-1212F	32mm+120mm×120mm	未晒クラフト紙60g//アルミ蒸着PET#12//LLDPE#30	2,000	50枚	4909767414029
KRVM-1414F	32mm+140mm×140mm		1,600	50枚	4909767414036
KRVM-1616F	32mm+160mm×160mm		1,300	50枚	4909767414043

ラミジップ® VMタイプ 規格品

スタンドタイプ

ガスバリア性　防湿性　脱酸素剤使用可　遮光性　容器包装識別マーク

仕様:スタンドタイプ、4本リブ、4角Rカット、Iノッチ

品番	チャック上＋チャック下 × 袋巾(ガゼット巾)	構成	1ケース入数(枚)	1袋	概算容積	外袋JANコード
VM-1212	32mm+120mm×120mm(35)	バイオPET#12//アルミ蒸着PET#12//LLDPE#60	1,700	50枚	約180mℓ	4909767435543
VM-1414	32mm+140mm×140mm(41)		1,400	50枚	約330mℓ	4909767435567
VM-1616	32mm+160mm×160mm(47)		1,100	50枚	約525mℓ	4909767435581

平袋タイプ

ガスバリア性　防湿性　脱酸素剤使用可　遮光性　吊下げ穴付　容器包装識別マーク

仕様:平袋タイプ、4本リブ、4角Rカット、Iノッチ、ラベルシール、吊下げ穴付(ハーフパンチ)

品番	チャック上 + チャック下 × 袋巾	構成	1ケース入数(枚)	1袋	外袋JANコード
VM-1212F	32mm+120mm×120mm	バイオPET#12//アルミ蒸着PET#12//LLDPE#40	2,500	50枚	4909767414128
VM-1414F	32mm+140mm×140mm		2,000	50枚	4909767414135
VM-1616F	32mm+160mm×160mm		1,700	50枚	4909767414142

本　社 03-3263-6541(代)
〒102-8528 東京都千代田区麹町3-2
ヒューリック麹町ビル

東京支店 | 03-3263-6542(直)
福岡支店 | 092-431-6084(代)
仙台営業所 | 022-208-7555(代)
名古屋営業所 | 052-856-8491(代)
広島営業所 | 082-242-6524(代)
岡山営業所 | 086-226-0515(代)
大阪支店 | 06-6534-1271(代)
前橋営業所 | 027-221-5571(代)
金沢営業所 | 076-222-0198(代)
浜松営業所 | 053-472-6334(代)
高松営業所 | 087-822-5116(代)
生産本部 | 浜松・浜北・都田工場

生産日本社　検索
https://www.seinichi.co.jp/
気になるチャック袋の最新情報は“生産日本社”で検索
また、右記の“QRコード”からも最新情報を検索できます。

ご存じですか?
業界トップの10,000種類。

多彩な形態・機能
材質・サイズの… **軟包材**

メイワの規格袋

食品から医薬品、電子部品、工業・農業用品、衣料品、日用品、ヘルス&ビューティ用品包装にいたるまで、あらゆる分野の規格袋を全国ネットの即納体制で、お届けします。

先進の一貫体制で開発した弊社の製品仕様が、規格袋業界の「ニュースタンダード」として確立されることを目指しております。

ストロングパック――より優れた機能と使い良さ。

1 **少量多品種の商品に。**
セルフラベルなどを付ければ最小限の費用で最大限の効果を発揮します。

2 **研究・開発やテスト販売に。**
使用条件に合わせた品質設計をお選びいただけます。

3 **クリーン&セーフティ。**
安全性に適合した素材や材質を使用しています。

※お客様のオリジナル袋のご注文も承っております。

MeiwaPaX GROUP
http://www.mpx-group.jp/

明和産商株式会社
http://sansho.mpx-group.jp/

お問い合わせは 営業本部
TEL.050-3821-6866 FAX.06-6765-3993

本社・営業本部	〒543-0021	大阪府大阪市天王寺区東高津町3-2(メイワ上本町ビル4F)	TEL.050-3821-6866	FAX.06-6765-3993
東京営業所	〒103-0025	東京都中央区日本橋茅場町3-9-10(茅場町ブロードスクエアビル7F)	TEL.050-3821-6908	FAX.03-5651-5093
北海道営業所	〒060-0034	北海道札幌市中央区北四条東2-8-2(マルイト北四条ビル5F)	TEL.050-3821-6866	FAX.011-272-5357
東北営業所	〒980-0822	宮城県仙台市青葉区立町20-10(ピースビル西公園7F)	TEL.050-3821-6866	FAX.022-221-8023
信越営業所	〒950-0916	新潟県新潟市中央区米山4-1-31(紫竹総合ビル2F)	TEL.050-3821-6866	FAX.025-243-6573
中部営業所	〒452-0005	愛知県清須市西枇杷島町恵比須20-1(丸中ビル3F)	TEL.050-3821-6866	FAX.052-502-1250
中国営業所	〒730-0051	広島県広島市中区大手町2-8-1(大手町スクエア3F)	TEL.050-3821-6866	FAX.082-243-7076
四国営業所	〒768-0072	香川県観音寺市栄町1-1-13(ストレッチビル3F)	TEL.050-3821-6866	FAX.0875-24-1537
九州営業所	〒812-0013	福岡県福岡市博多区博多駅東3-13-28(ヴィトリアビル5F)	TEL.050-3821-6866	FAX.092-412-0726
南九州営業所	〒880-0056	宮崎県宮崎市神宮東3-6-16	TEL.050-3821-6866	FAX.0985-29-3958
豊岡工場	〒668-0831	兵庫県豊岡市神美台12-1	TEL.050-3821-6902	FAX.0796-29-5252
柏原工場	〒582-0027	大阪府柏原市円明町1063-1	TEL.050-3821-6903	FAX.072-977-4487
野田工場	〒278-0051	千葉県野田市七光台135	TEL.050-3821-6882	FAX.04-7129-2448
鳥取工場	〒680-0904	鳥取県鳥取市晩稲307	TEL.050-3821-6929	FAX.0857-31-3900

鮮度保持はもちろん、透明感あふれる高品質。
バリエーションも豊富。

■無地規格表

規 格	フィルム厚	巾×長さ	梱包数	用 途
8	♯20・♯25	150mm×250mm	10,000枚	ピーマン
9	〃	150mm×300mm	〃	きゅうり
10	〃	180mm×270mm	〃	春菊
11	〃	200mm×300mm	8,000枚	ナス
12	〃	230mm×340mm	6,000枚	果物など
13	〃	260mm×380mm	4,000枚	〃
三角袋(特大)	♯20	280mm×360mm×150mm	8,000枚	葉菜類（ほうれん草）
〃 （大）	〃	280mm×300mm×120mm	〃	〃
〃 （中）	〃	250mm×300mm× 90mm	〃	〃

●他に在庫もありますのでお問い合せ下さい。　●生鮮野菜、青果物、水産練製品、畜肉加工製品、冷凍食品、パン類、惣菜類などの食品
●特注品、印刷品については、別途お見積りします。　●文具、書籍など

■形状とサイズ

〔例〕四角袋11号
巾×長さ 200mm×300mm

〔例〕三角袋（大）
巾×長さ 280mm×300mm×120mm

穴あけ加工について
●4穴
●コーナーカット
●センターシール

石本マオラン株式会社

URL：http://www.maolan.co.jp

本　　社	〒110-0016	東京都台東区台東1丁目36番3号	TEL.03-3833-7791
大阪営業所	〒541-0054	大阪市中央区南本町4-5-7　東亜ビル8F	TEL.06-6245-6881
名古屋営業所	〒450-0002	名古屋市中村区名駅3-11-22　IT名駅ビル	TEL.052-561-0611
渥美工場	〒441-3609	愛知県田原市長沢町稲葉1番地2	TEL.0531-33-0001

ISO 9001:2000　ISO 14001
JQA-QM8572　JQA-EM4957
渥美工場

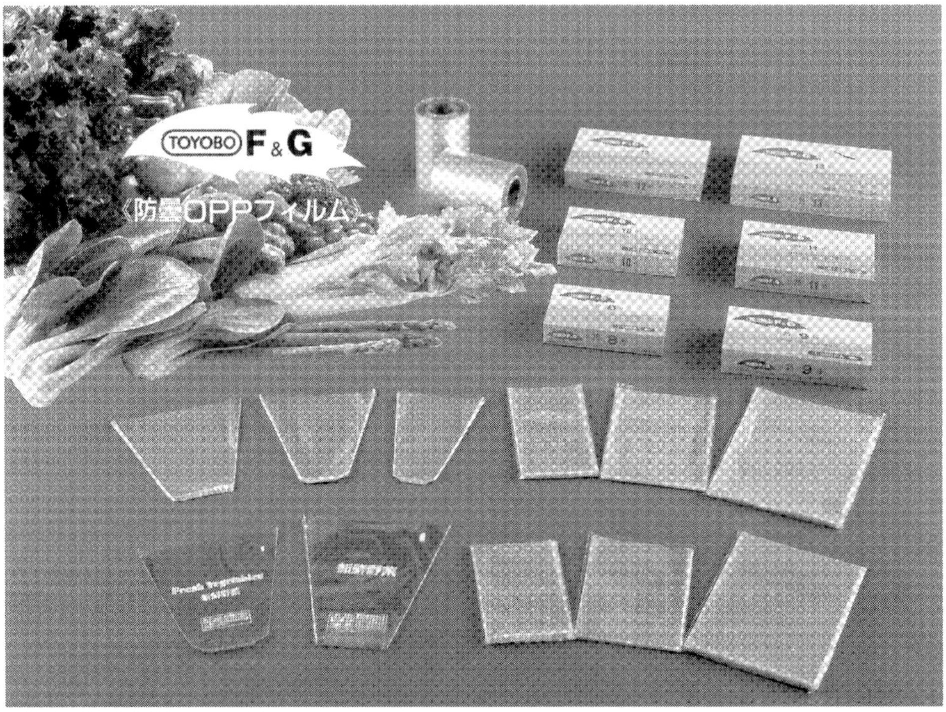

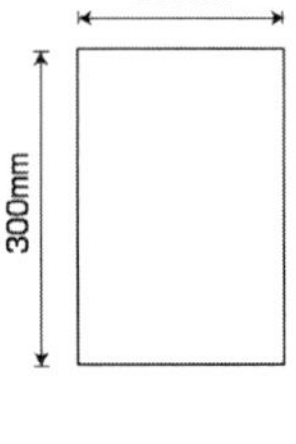

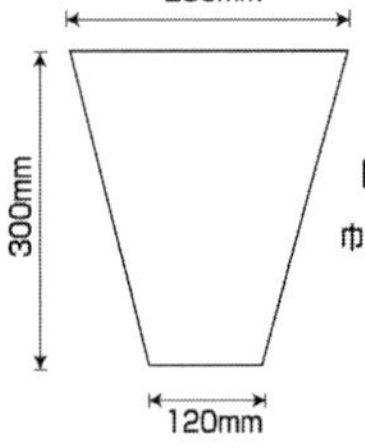

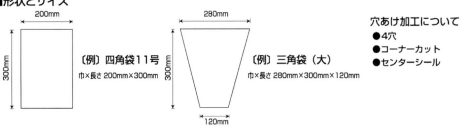

地球環境を考えて作ったポリエチレン袋

ecorescue

超ポリ

COOL CHOICE 未来のために、いま選ぼう。

超ポリだから可能な3つのこと

1. 抜群の強度でコストダウンを実現
2. ゲージダウンによる保管場所の削減効果
3. 環境負荷の低減効果

従来のポリ袋50μの強度を、
超ポリなら30μで実現します。

← 超ポリ30μ
← 一般ポリ袋50μ

さらに植物由来原料でエコ要素をプラスした

「超ポリバイオ」が完成しました。

バイオマスプラスチックを燃焼させると、Co2が排出されます。
しかしカーボンニュートラルの考え方ではその発生したCo2は
もともと植物が成長する段階で大気から吸収したものであるため、
Co2の量は増えません。

カーボンニュートラル効果

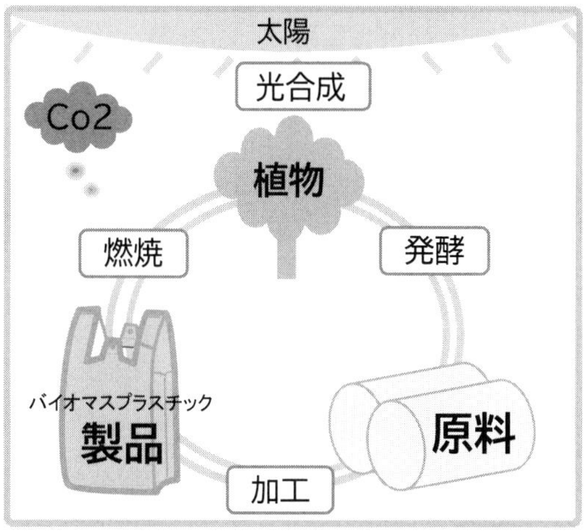

使用例

- 食品工場での小分用
- 出荷用段ボール内袋
- 鮮魚用一本入れ用(縦長タイプ)
- 鶏肉10kg用ブロイラー袋
- ボルトやナット、味噌や業務用塩など、重量物の配送用

超ポリの安全性

- 国内の食品対応工場での一貫生産を行っています。
- 食品に悪影響を及ぼす有害物質は含まれていない
  ことが証明されています。
- 焼却しても塩化水素等の有毒ガスは発生しません。

リュウグウ株式会社

〒799-0496 愛媛県四国中央市三島宮川4-9-64
Tel：0896-24-3340(代)
E-mail：ryugu@ryugukk.co.jp
URL：http://www.ryugukk.co.jp

エッジスタンド®

スタンディングパウチ
底ガゼットタイプ

スカートのような袋底面部にヒダが台座としての役割を果たし自立性を高めるという全く新しい構造のスタンドパウチです。

●フィルム構成
PET//LLPE

●用途
洋菓子、和菓子、キャンディ、ドリップコーヒー、粉末スープ等の集積包装

●特性
※美しくすき間なく陳列できアイキャッチ性に優れる。
※売場スペースを有効に活用できます。
※紙箱、プラスチック容器、金属缶などに比べ軽量また、環境にやさしい。

エッジスタンド
スカート付自立袋

電子レンジ加熱用
パッケージ

せいろパック
自動開孔システム付袋

※イラストはピロー包装タイプです。

せいろパック®

積層フィルムの伸度差を利用し、内圧により穴が開く画期的な自動開孔システムを備え、小さな蒸気孔のため大きな蒸し効果を発揮する「電子レンジ加熱用パッケージ」です。

●フィルム構成
NY//LLPE

●用途
ハンバーグ、スパゲッティ、肉まん、温野菜、煮魚、弁当、各種惣菜
※レトルト殺菌、ボイル殺菌には適しません。

●特性
※上面に蒸気孔ができるため、ふきこぼれしにくい構造です。
※小さな蒸気孔のため、大きな蒸らし効果を発揮します。
※シール部分は通常の全面シールのため加熱後もシール部からの液もれはありません。

株式会社 彫刻プラスト

【本社】
〒572-0075
大阪府寝屋川市葛原2-1-3
TEL. 072-829-3741（代）　FAX. 072-829-3770

【東京支社】
〒102-0073
東京都千代田区九段北1丁目3番5号 九段北一丁目ビル10F
TEL. 03-3234-6401（代）　FAX. 03-3234-5882

http://www.chokokuplast.co.jp

“プリンティング”の可能性を求めて

一貫生産体制により新しい印刷技術の可能性を求めて
チャレンジを続けていくとともに同時にトータル加工
技術を追求し、お客様第一主義を徹底しより
親しみやすい企業を目指して努力してまいります。
軟包装衛生協議会　認定工場228号

芳生グラビア印刷株式会社

〒679-0104　加西市常吉町字東畑922番地の192（加西東産業団地内）
TEL（0790）47-8550　FAX（0790）47-8566

変形袋のスペシャリスト

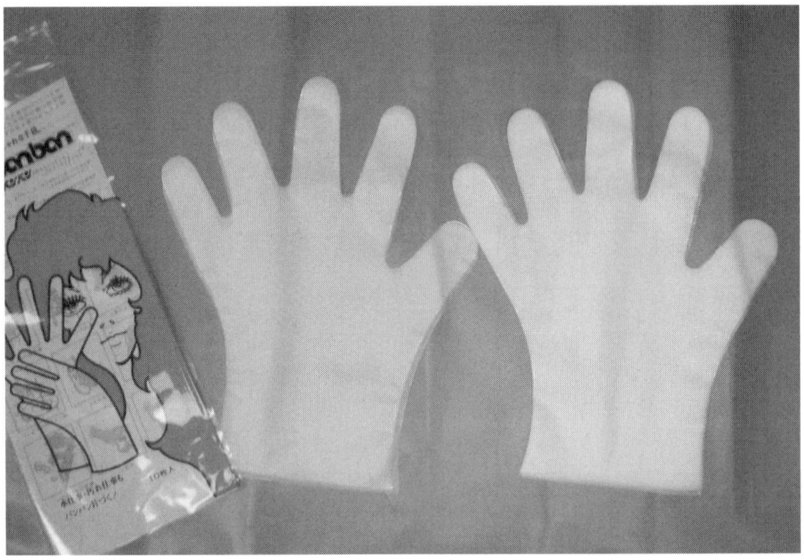

水仕事に必須の手袋

変形溶断シール及び
幅広変形シールなど
いろいろなシールが可能

ホイップ（絞り）袋

応援グッズ、販促品

ホームページ立ち上げました。ご覧下さい。
▶http://www.mood-shoji.co.jp/

変型ヒートシール加工
MOOD ムード商事株式会社
本社　〒639-2102　奈良県葛城市東室254番地
TEL.（0745）69-7844（代）　FAX.（0745）69-7838

お客様の多様なニーズにお応えするために、パッケージ製品の企画・製造はもちろんのこと、販売促進ツールとしての商品のご提案から、最適な包装形態を考えたラッピングサービス、さらには発送までのセット販売を中核として、パッケージサービスの一気通貫メーカーを目指してまいります。

●東海、北陸地方のお客様に対する一層のサービス強化のため、
名古屋営業所を名古屋支店としました。

●工場「大阪第2センター」を2011年7月に竣工しました。
同工場は化粧品、医薬部外品製造許可を受けております。

大阪第 2 センター

株式会社 ショーエイ コーポレーション

〒541-0051 大阪市中央区備後町 2-1-1 第二野村ビル7F
【本社】TEL.06-6233-2636　【営業】TEL.06-6233-2666

URL https://www.shoei-corp.co.jp/

透明ポリ大型角底袋

パレットカバー

保管・輸送の場であらゆる荷物を雨や埃から守る透明ポリ袋のカバー

規格即納品

(厚さ0.05mm)

箱　名	縦 × 横 × 深 (mm)	枚　数
M－1	800× 800× 900	98
M－2	800× 800×1400	70
M－3	800×1000× 900	92
M－4	800×1000×1400	68
M－5	800×1300× 900	82
M－6	800×1300×1400	60
M－7	800×1600× 900	72
M－8	800×1600×1400	52
M－9	800×1900× 900	64
M－10	800×1900×1400	46
M－11	1000×1000× 800	86
M－12	1000×1000×1300	64
M－13	1000×1300× 800	76
M－14	1000×1300×1300	56
M－15	1000×1600× 800	66
M－16	1000×1600×1300	48
M－17	1000×1900× 800	60
M－18	1000×1900×1300	44
M－19	1000×2500× 800	50
M－20	1000×2500×1300	36
M－21	1200×1300× 900	60
M－22	1200×1300×1400	46
M－23	1200×1600× 900	54
M－24	1200×1600×1400	40
M－25	1200×1900× 900	46
M－26	1200×1900×1400	36
M－27	1200×2500× 900	40
M－28	1200×2500×1400	30
M－29	1200×3000× 900	36
M－30	1200×3000×1400	26
M－31	1150×1150× 900	72
M－32	1150×1250× 900	66
M－33	1150×1450× 900	60
M－34	1150×1150×1400	50
M－35	1150×1250×1400	46
M－36	1150×1450×1400	42

ポリエチレン角底袋の加工度の高い製品のため、弊社では自社開発で大型の角底袋の自動化システムを完成しており①高品質高品位な仕上げ ②量産体制 ③迅速かつ計画的な受注生産 ④多様な要望への対応にお応えできます。

独自製法による大型角底袋は材料となるフィルムチューブをそのまま折り込みからシールまで1ラインで製造する為、とてもクリーン。しかもシールが側面2面にY字型の焼き切りシールが入るだけなので、フィルムそのものの強度を生かしきることが出来るため、通常の手加工（天のせタイプ）による製造品より強度にすぐれ安定した製品を提供することが出来ます。

特許製法・製造販売元

株式会社　ヤトー

未来をフレキシブルに包む

〒224-0024
横浜市都筑区東山田町86番地
045-592-7611（代表）
045-593-3031（FAX）

MARUMAN CO., LTD.

丸万株式会社

本　社 名古屋市千種区今池4丁目4番7号
TEL〈052〉741－0155㈹
FAX〈052〉741－0170

URL:https://www.maruman-jp.com

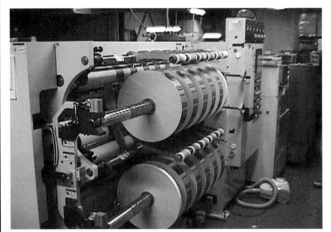

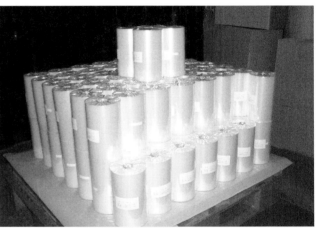

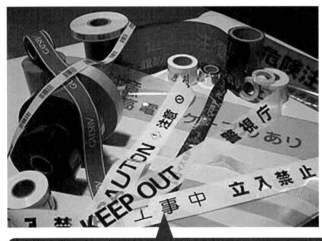

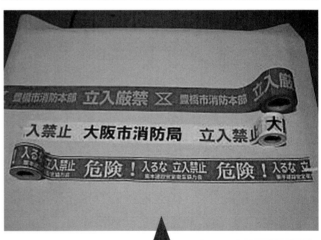

「今の袋よりもう少し大きく」
「こんな形の袋が欲しい」
にお応えします。

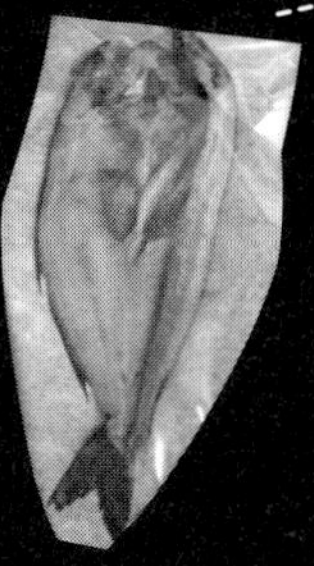

野菜や果物、魚などの
生鮮食品の包装資材の
ことならお任せください。

小ロット
×
短納期

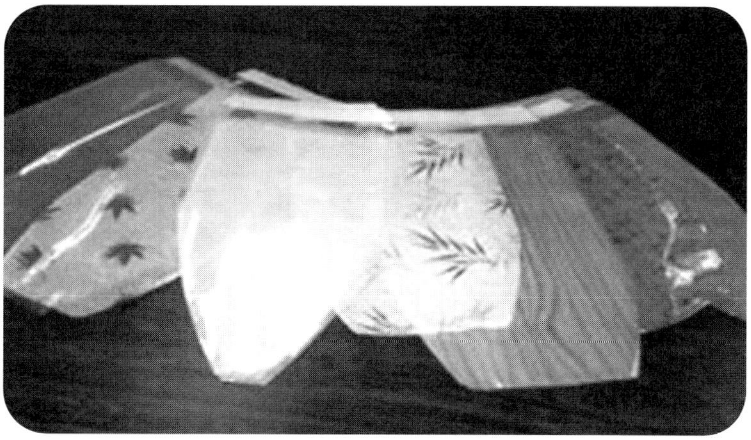

魚用変形袋

生鮮食料品の包装資材の製造・販売

藤栄化工株式会社
〒577-0006　大阪府東大阪市楠根1-6-12
TEL 06-6745-4633　FAX 06-6745-4603

URL:https://toheik.com

バイオマスエコ袋の御用命は弊社へ

RePET's《リペッツ》 BPはPET《ペット》ボトルのリサイクルと
植物由来の原料を使用した『バイオマスエコ袋』です。

地球温暖化対策とリサイクルを実現した環境対応の袋になります。

ペットボトルからRePET's BPへ **マテリアルリサイクル × 植物由来バイオマス**

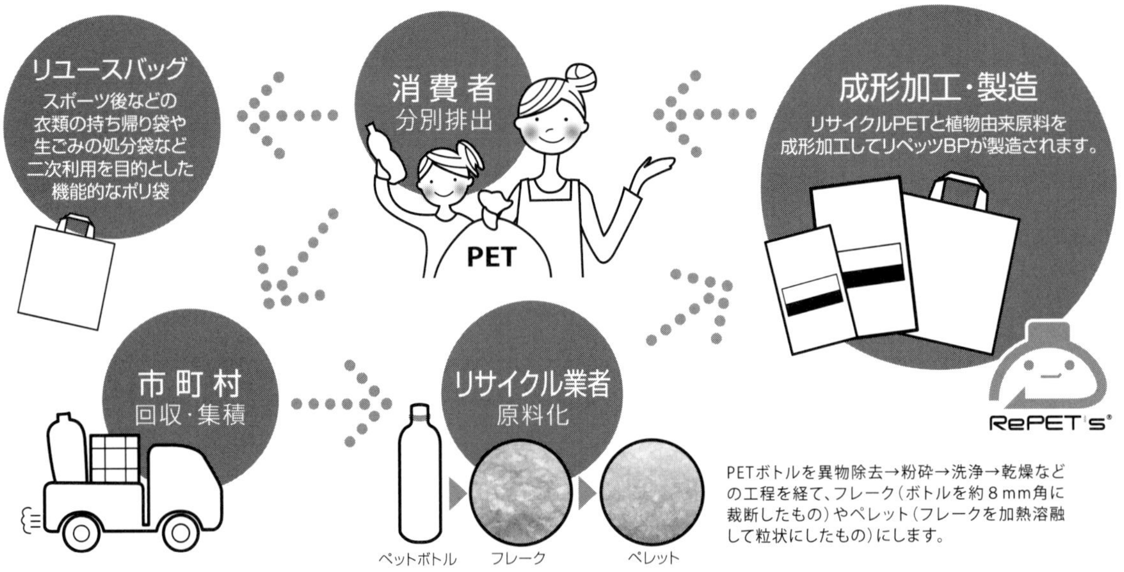

PETボトルを異物除去→粉砕→洗浄→乾燥などの工程を経て、フレーク（ボトルを約８mm角に裁断したもの）やペレット（フレークを加熱溶融して粒状にしたもの）にします。

臭いを遮断する新素材

通常のポリ袋に比べて
CO_2排出量を削減

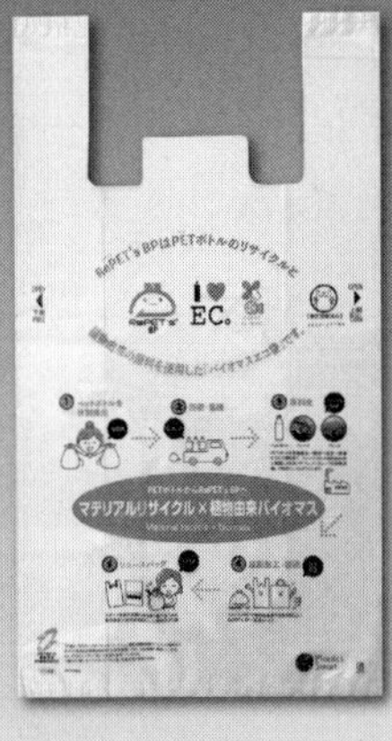

PETボトル再利用品　認定番号200827070
バイオマス　No.190362

PETボトル再利用品　認定番号200827070
エコマーク商品　20128018

ポリエチレン・企画・製造・多色グラビア印刷

丸真化学工業株式会社

〒668-0851　兵庫県豊岡市今森 570　TEL.0796-23-5105　FAX.0796-23-7828
URL http://www.marushinkagaku.co.jp

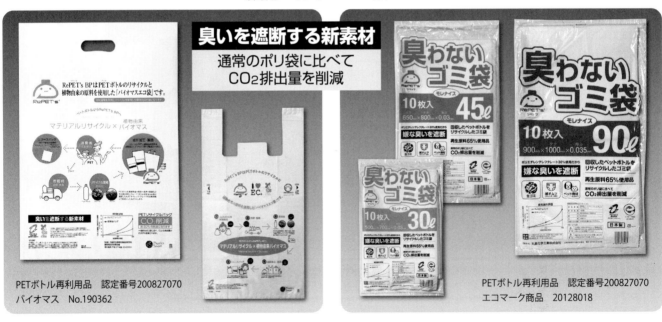

鮮度保持機器／材（剤）
脱酸素剤
乾燥剤
抗菌包材
HACCP関連
検査キット
検査装置
異物混入防止対策関連

抗菌・日持ち向上シート

ワサビの辛みと同等成分が抗菌効果を発揮します。

カプセルに閉じこめられた有効成分である
カラシ抽出物が、水分と結びつくことによ
り放散され食品の表面に対して抗菌効果
を発揮します。

SEKISUI

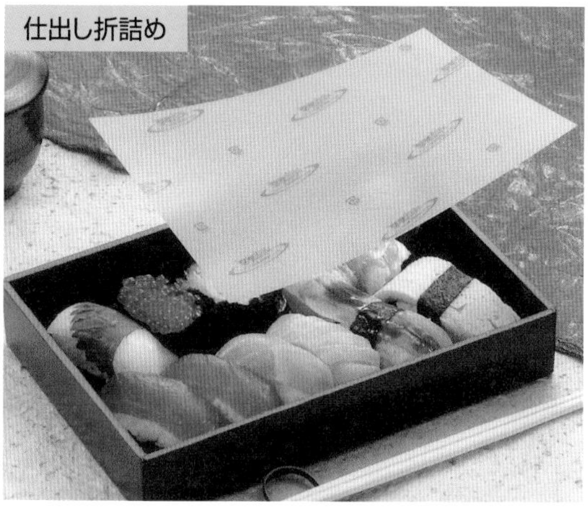

仕出し折詰め
懐石料理
弁当
惣菜
ご使用方法

「ワサパワー」の印刷面を上にして食品の上にのせ、すぐにふたをして下さい。容器はなるべく密閉できるものの方がより効果的です。容器内成分濃度は、容積や密閉性により異なります。目安容量は以下の通りです。

○110×170mm（1000cc）　○160×160mm（1500cc）
○160×210mm（2000cc）　○200×300mm（3500cc）

保管及び取扱上のご注意

●直射日光を避け、なるべく湿気の少ない涼しいところに保管して下さい。
●一旦、外袋（チャックポリ袋）を開封した後は、なるべくお早めにご使用下さい。
●品質を保持するために、ご使用後は必ず外袋のチャック部を締めて下さい。
●他の容器等に入れ換えて保存しないで下さい。

シートサイズ	梱包入り数	シートサイズ	梱包入り数
110×170mm	4,000枚	300×300mm	2,000枚
160×160mm	4,000枚	290×360mm	2,000枚
160×210mm	2,000枚	350×350mm	2,000枚
200×200mm	2,000枚	390×390mm	2,000枚
200×300mm	2,000枚	四季165×165mm	4,000枚
230×230mm	2,000枚	季節に合わせて使えるシートもご用意しております。お問い合わせ下さい。	

■シート断面　印刷面

プラスチックフィルム

抗菌成分　水分　抗菌成分　水分　抗菌成分

ワサパワー 成分（カラシ抽出物）塗布
〔サイクロデキストリン包接品〕
●食品添加物のカラシ抽出物を使用しています。

商品に対する
お問い合わせは

食を彩る

TSUBOI 株式会社 ツボイ

本　　社　奈良県五條市上野町４３０番地　　TEL（0747）23-2345 FAX（0747）25-0120
九州支店　福岡市博多区金の隈３丁目１２番３３号　TEL（092）503-6121 FAX（092）503-4401
東京営業所　東京都千代田区神田鍛冶町３丁目５番地　大橋ビル１F　TEL（03）5207-5430 FAX（03）5207-5431

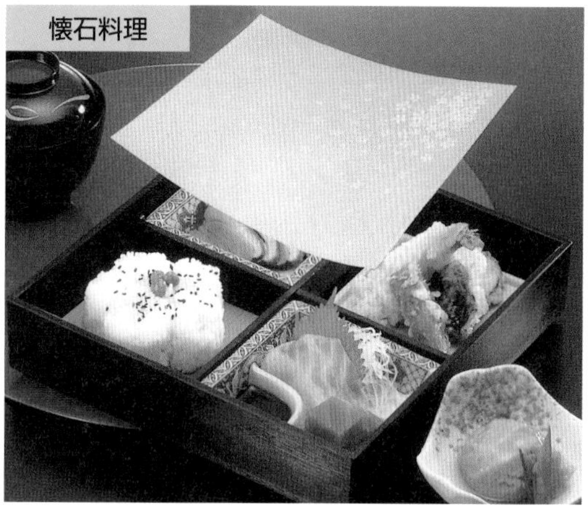

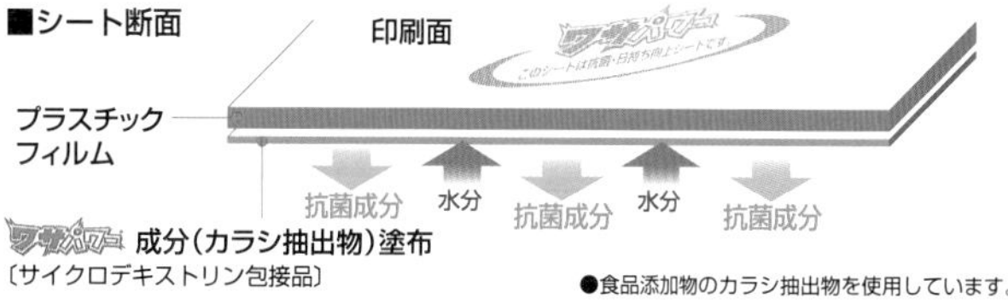

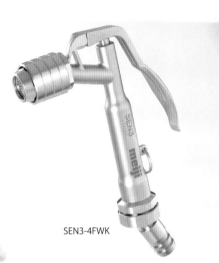

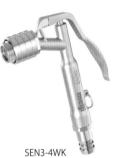

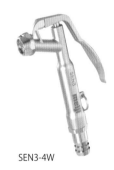

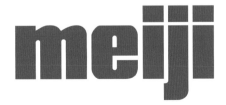

賞味期限の延長・鮮度保持の裏付けに

NEW 残存酸素/二酸化炭素計

上位モデル **パックリーダー**

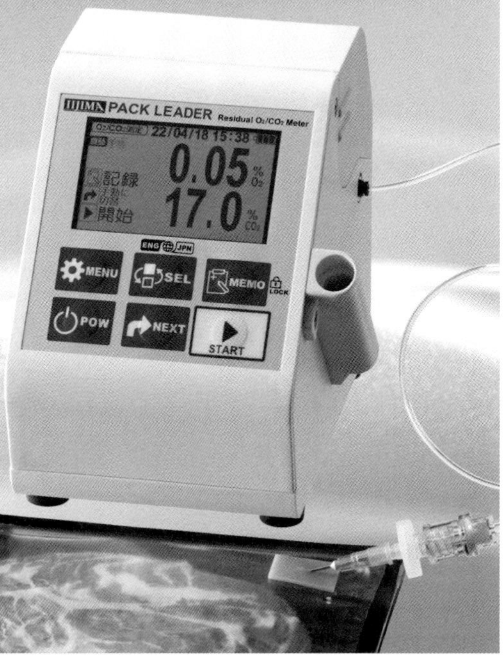

- **ワンタッチ操作で O_2・CO_2を同時測定**
  STARTキーで測定開始。自動安定判断でスピーディに安定値を表示。
- **減圧容器でも自動吸引でバラつきなく測定**
  硬質樹脂のトレーやボトルにも対応。幅広く自動吸引が可能に。
- **日本語表示で迷いのない操作**
  操作案内や手順を画面上に表示します。NEW「日本語/英語切替機能」付。
- **1年保証、1年保管可能な酸素センサー**
  センサー寿命・性能アップ。
  交換やメンテナンスも、現場で簡単に実施できるカートリッジ式。

酸素計の活用メリット ～ニーズの高まるMAP包装の品質管理・検査に貢献～

管理点の設定や見直しで、高品質をより長く保持

食品の特性（脂質や水分、栄養分など）によって、酸化の影響力は異なります。
品質をより長く保持するためには包装内の残存酸素を **何%O_2以下で** 包装する必要があるのか、客観的な数値で設定、管理することができます。

容器・資材の高機能化で、付加価値アップ

酸素バリア性の高い容器や資材に変更することで鮮度や風味を長く保ち、賞味期限・消費期限を長くすることができます。容器や資材の **ガスバリア性の評価** の際は経時的に容器内の残存酸素を測定し、食品の状態や品質を検証・検査します。

出荷前の抜き取り検査で、安心・安全な商品出荷

万が一の人為的ミスや設備の老朽化などによる、管理点に満たない商品を**出荷前の抜き取り検査で発見**でき、問題がある場合は直ちに対処できます。
プリンター印字やPC出力による測定結果の記録ができるため、納品先やブランドオーナーへのデータ提出が可能です。信頼の獲得につながります。

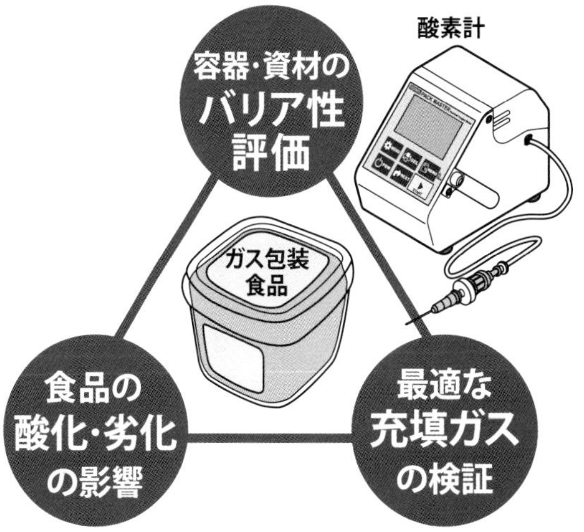

無料 テスト器貸出　無料 サンプル測定

酸素計の専門メーカーとして50年の安心実績
IIJIMA 飯島電子工業株式会社
〒443-0011 愛知県蒲郡市豊岡町石田1-1 https://www.iijima-e.co.jp/
<お問い合わせ> TEL：0533-67-2827　Eメール：eigyou@iijima-e.co.jp

TAMOTSU®

VX・D

脱酸素剤 タモツ®

Tamotsu is the most effective oxygen absorbent of organic type.

タモツは、水分活性の低い乾燥食品から水分の多い食品まで広い範囲で使用できる有機系脱酸素剤です。
金属検知機に対応しており鉄分を含みません。長期間の保存にも優れた効果を発揮します。

■ 性能

タモツは、植物の酸化機構、特にカテキン類の酸化により褐変する現象をヒントに開発された脱酸素剤です。
改質活性炭上で酸素を吸収し、ムコン酸を生成させる反応を利用した有機系脱酸素剤で、極めて高い酸素吸収能を持ちます。活性炭の特殊な性質により、所定の酸素を吸収した後も持続的に酸素を吸収しますので、長期保存に適しています。また、鉄分を含まないため、金属検知機との併用が可能です。酸素によって引き起こされるカビの発生、害虫の増殖、油脂の酸化、変色、栄養成分の損失など、食品の変質や劣化を防止します。

タモツにはVXタイプとDタイプがあり酸素吸収速度が異なります。
VXタイプは水分活性の高い食品用途、Dタイプは海苔などの乾燥剤と併用する水分活性の低い食品用途に優れた効果を発揮します。

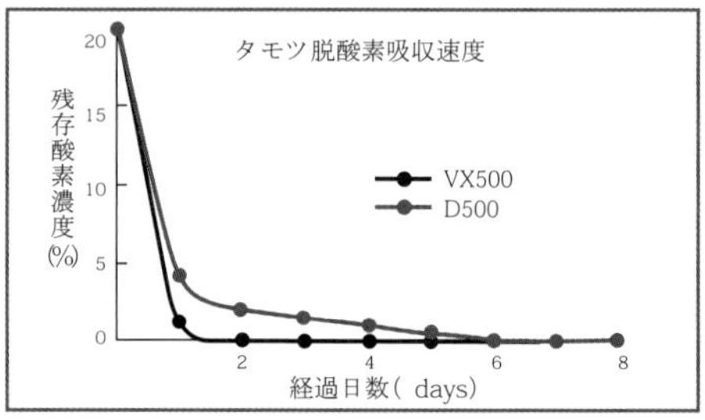

タモツの特徴

- ・タモツは自力反応型です
- ・香りの保持に効果的です
- ・乾燥剤と併用できます
- ・金属検知機の使用が可能です
- ・持続力があり、長期保存に適します
- ・使用後は焼却することができます

■ 規格

VXタイプ

品　種	空気量 (cc)	酸素量 (cc)	標準寸法 (mm)	分　包 (個×袋)	入　数 (個)
VX 100	100	20	47×35	250×20	5000
VX 200	200	40	60×35	250×14	3500
VX 300	300	60	60×45	200×13	2600
VX 500	500	100	60×55	150×12	1800
VX1000	1000	200	73×65	100×10	1000
VX1500	1500	300	73×75	100× 8	800

Dタイプ

品　種	空気量	酸素量	標準寸法	分　包	入　数
D 100	100	20	47×35	250×20	5000
D 200	200	40	60×35	250×14	3500
D 300	300	60	60×45	200×13	2600
D 500	500	100	60×55	150×12	1800
D1000	1000	200	73×65	100×10	1000
D1500	1500	300	73×75	100× 8	800

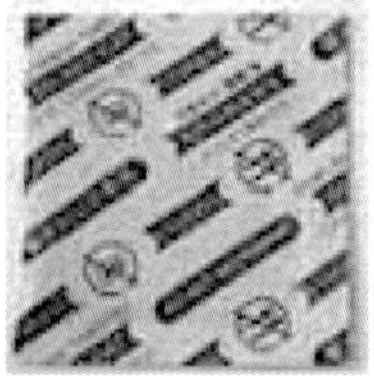

●耐水耐油包材を使用し、あらゆる食品に適します。

●冷蔵、冷凍するようなチルド食品に使用できます。

●対象水分活性：0.3〜0.98

●乾海苔、干しいたけ、花かつお等乾燥剤と併用するような低水分食品に適します。

●おだやかで、持続力のある作用が継続します。

●対象水分活性：0〜0.7

空気容量に応じて、100cc〜10Lまで各品種を取り揃えており、単切品、自動投入機用の連続品などがあります。

■ ご注意

・開封後の有効時間は1時間となります。タモツを使用する場合は、酸素透過度20cc/m^2/24hr/atm 以下の素材で包装してください。
・わずかな空気の漏れや、包材のピンホールは、カビ発生等の諸問題を起こします。事前に製造ラインでの実装テストを行い、その効果を確認してください。
・電子レンジに入れると発熱・発火する可能性があります。食品容器に「電子レンジへ入れる前に脱酸素剤を取り出す。」と明記してください。
・タモツはカビ防止に効果がありますが、無酸素下で増殖する酵母、通性嫌気性菌、偏性嫌気性菌には効果がありません。
これらの菌が繁殖しがちな高水分食品にご使用になる場合は、他の方法との併用をご考慮ください。
・タモツ使用にあたっては、外包材の印刷が耐熱性向上型インキ（キレートインキ）の場合、印刷色が変色する可能性があります。
・水分活性0.9以上の食品、水分25%以上の食品（例：餅、かまぼこ、ハム等）に使用される場合は、弊社担当者までご連絡ください。

シリカゲル

シリカゲルは、硅酸のコロイド溶液を凝固させてできる中～酸性の合成乾燥剤です。内部に20Å程度の微細孔を持ち、水蒸気を物理的に吸着します。当社の湿度インジケータには、塩化コバルトは使用していません。

主な用途：菓子・医薬品・健康食品・金属部品・機械梱包

ケアドライ®

安全性の高いクレイ(粘土)系の、水蒸気を物理的に吸着する乾燥剤です。シリカゲルや他の粘土系乾燥剤と比べ、低湿度領域で非常に大きな吸湿容量を示します。原料は、米国ＦＤＡのＧＲＡＳ(一般に安全と認められる物質)に適合しています。

主な用途：金属部品・機械梱包

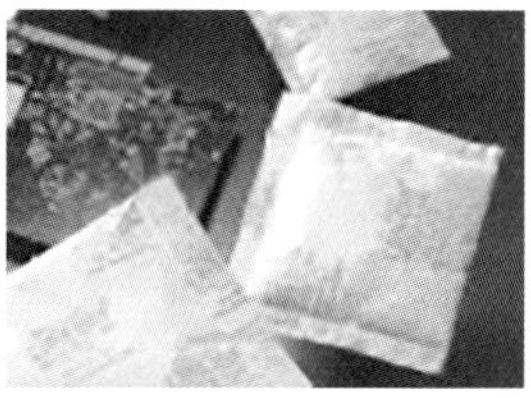

ライム®

酸化カルシウム（生石灰）を主成分とし、化学的に水分を吸着する乾燥剤です。外気湿度の高低にかかわらず、自重の３０％の吸着能力を示します。

主な用途：海苔・乾物・菓子・FD食品

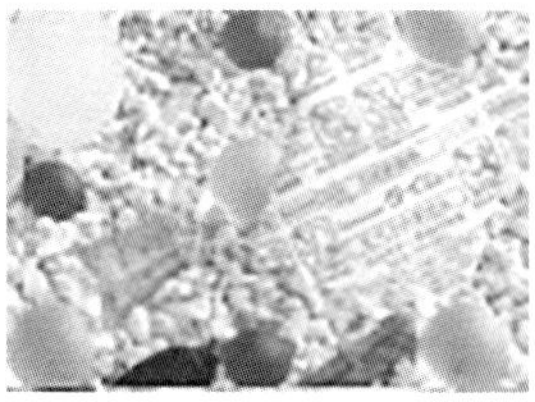

サンソカット

鉄粉の酸化反応により、包装内の酸素を完全に吸収し、食品の賞味期限を大幅に伸ばします。用途に応じ種々のタイプがあります。

主な用途：和菓子・洋菓子・珍味・生麺・味噌

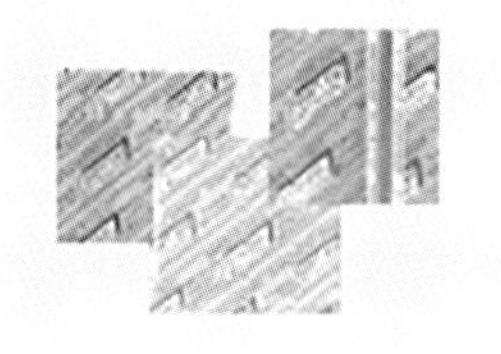

セキュール

鉄粉の酸化反応により、包装内の酸素を完全に吸収し、食品の賞味期限を大幅に伸ばします。用途に応じ種々のタイプがあります。

主な用途：和菓子・洋菓子・珍味・生麺・味噌

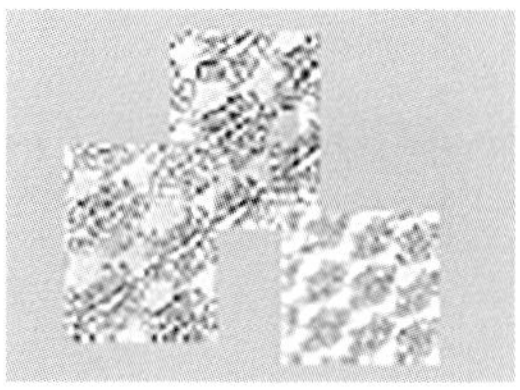

品質保持を科学する

大江化学工業株式会社

本　　社　〒533-0014　大阪市東淀川区豊新2-2-15　TEL.06-6329-6651　FAX.06-6321-2252
埼玉営業所　〒330-8669　さいたま市大宮区桜木町1-7-5 ソニックシティビル12F　TEL.048-658-1401　FAX.048-658-1402
工　　場　岐阜(不破郡)　福岡(柳川市)　鹿児島(鹿屋市)
海外合弁事業所　●中華民国(台湾)/台江化学工業股份有限公司　●中華人民共和国/南通大江化学有限公司

URL http://www.ohe-chem.co.jp

PL-HACCP対策に

食品の味と安全を守るために パイオニア クリーン環境機器

工場・製品のクリーン化はまず足元から…

シューズクリーナー PAT製品

シューズクリーナーは食品工場、精密工場等の出入口に設置し、持ち込むゴミ、ホコリの70%を占める靴底(革靴は勿論、作業靴・長靴等の凸凹模様のある靴底まで)を特殊回転ブラシ機構により、上に乗って歩くだけですみやかに洗浄します。また、次亜塩素酸ソーダ等を適量使用すれば殺菌も可能です。

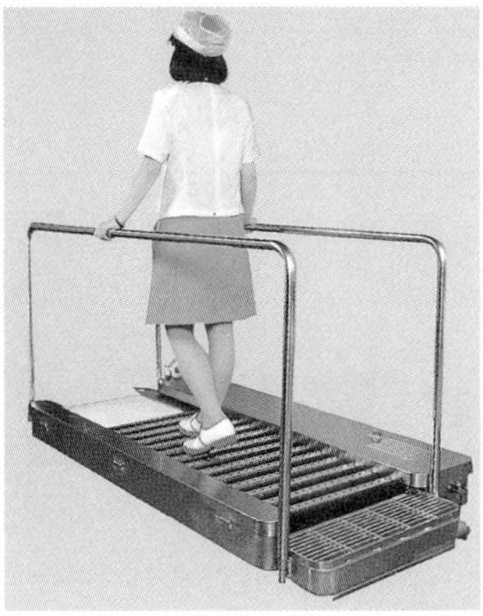

品質向上、環境創造のために

クリーンルームダスター PAT製品

■3方より同時吹き出し!!

入口ドアを開けると、上面および左右側面のジェットノズルから同時に噴射。作業者の全身に付着したゴミなど異物を吹き飛ばします。

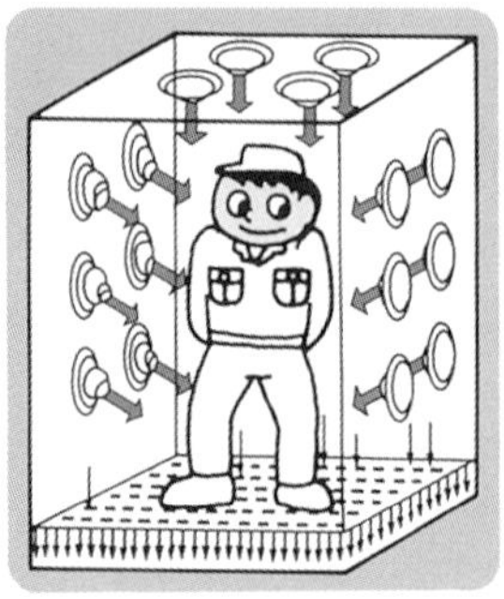

■床面から吸い取る!!

噴射後の空気は足元から吸い取ってゴミを回収します。(粘着マット不要)

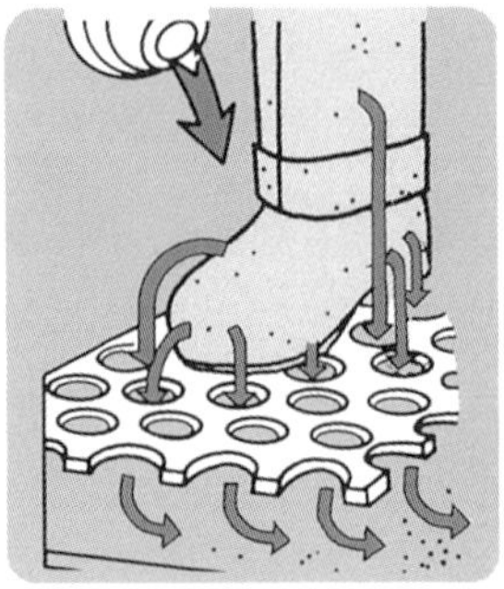

靴底を空気でキレイに

エアー吸着マット PAT製品

工場や事務所の通路・エアシャワーの中に…

- ●高性能クリーニング
- ●設置もメンテも簡単
- ●省エネ・高効率
- ●安全にも配慮

既設のエアーシャワーの中にも設置できます。

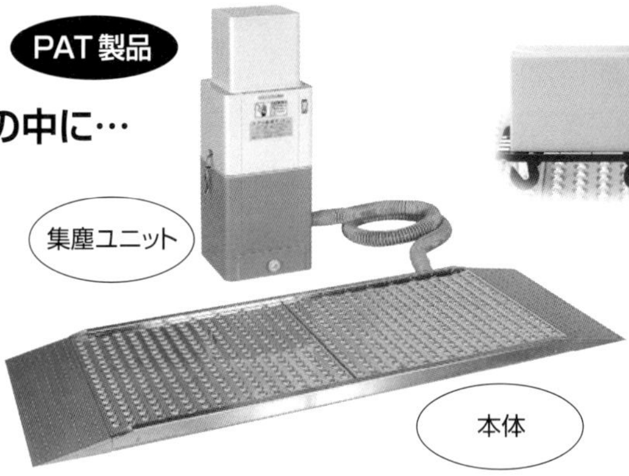

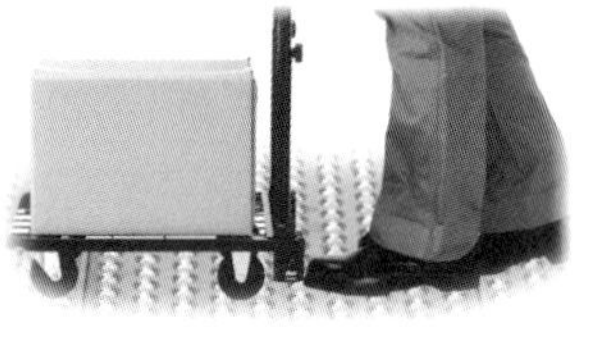

名古屋市工業技術グランプリ
(財)名古屋市工業技術振興協会長賞受賞

E-mail/info@paionia.co.jp　URL/http://www.paionia.co.jp

営業品目:クリーンルームダスター・シューズクリーナー・空気清浄機　設計製作・販売

株式会社 パイオニア 風力機

本社・工場 〒458-0847 名古屋市緑区浦里3-25 TEL.052-892-6855(代) FAX.052-892-8803
関東営業本部 〒226-0025 横浜市緑区十日市場町881-5 TEL.045-982-5005(代) FAX.045-982-5216
九州営業所 九州工場 〒879-1504 大分県速見郡日出町大神2929-3 TEL.0977-72-9301 FAX.0977-72-0239
東北仙台営業所 〒982-0841 宮城県仙台市太白区向山3丁目1-10 TEL.022-217-8620 FAX.022-217-8621

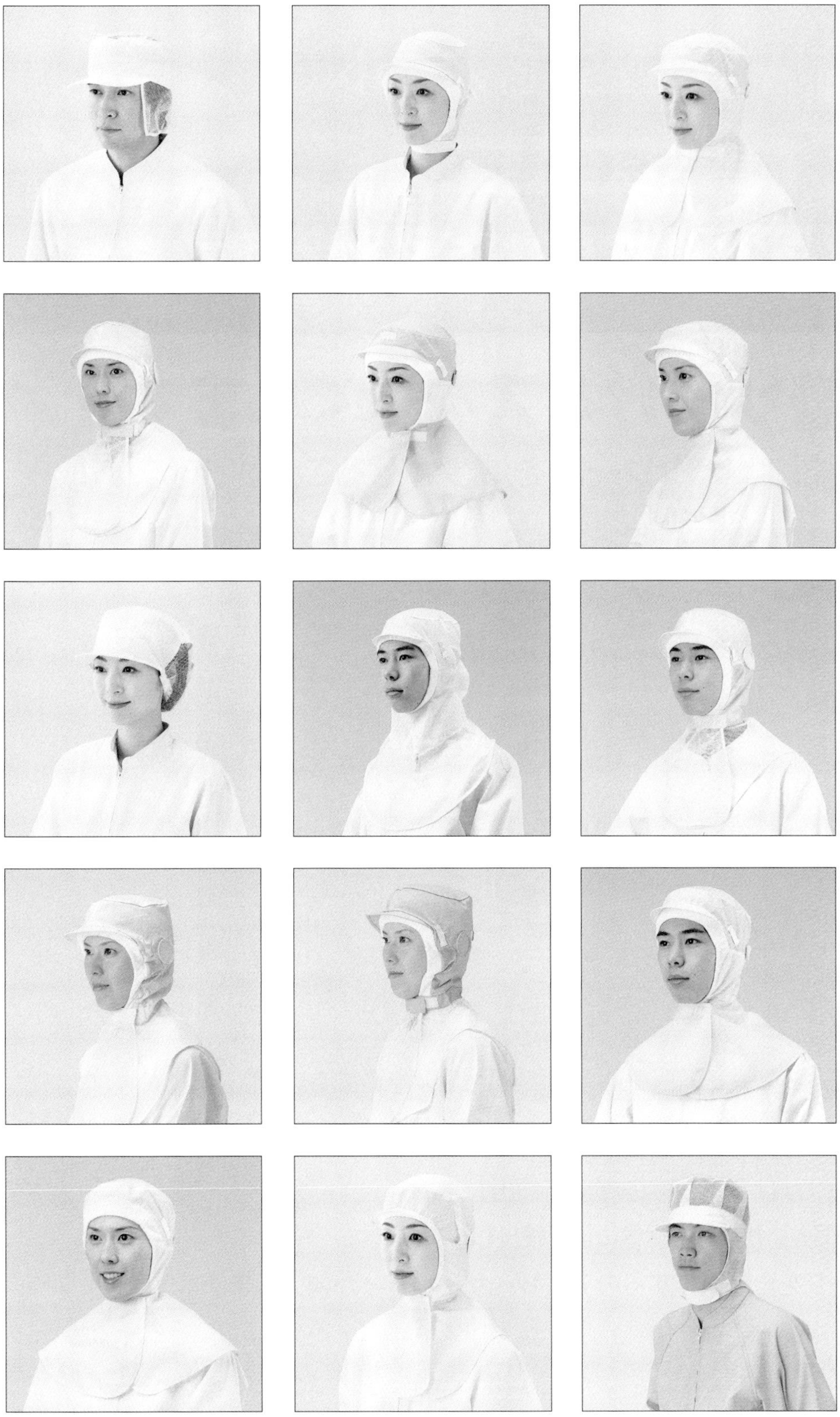

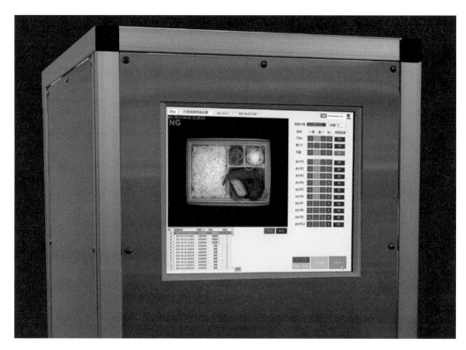

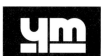

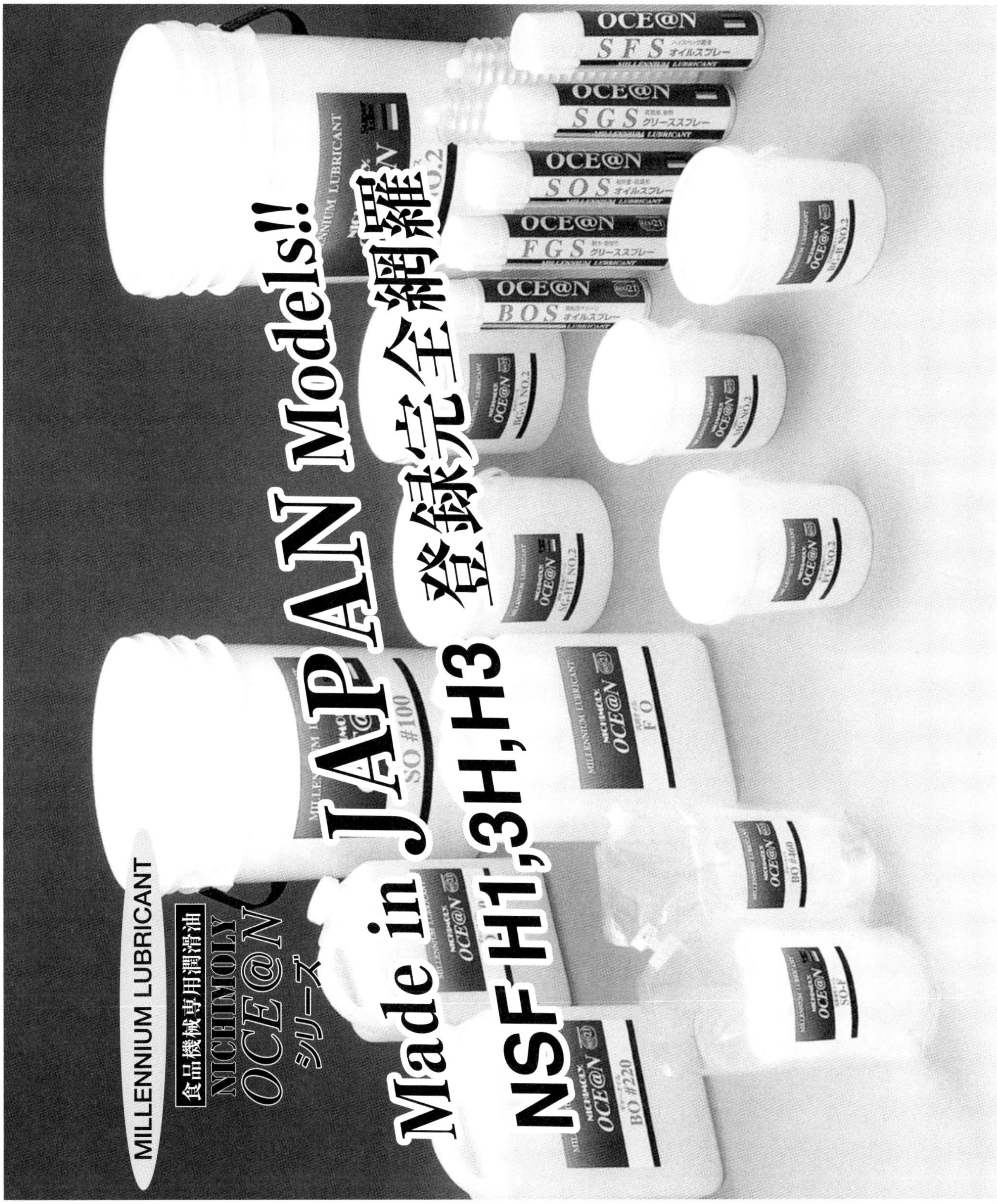

【カタログのご請求、お問い合わせ】

DAIZO 株式会社 ダイゾー ニチモリ事業部

ニチモリ事業部／〒103-0004 東京都中央区東日本橋3-4-13 VPO東日本橋6階 電話 03-5614-5103 FAX 03-3660-4502

http://www.nichimoly.jp

防虫フィルタ

防虫対策してますか!?

自社独自の自動洗浄付フィルタを採用!

飛行虫90%以上減少!

更に高性能フィルタ、

蒸気ヒーター等のオプション多数。

今までに無かった大風量型ユニット

(300～800m^3/min)

ピュアテック株式会社　販売部

〒460-0002 名古屋市中区丸の内3-14-32　丸の内三丁目ビル6階

TEL〈052〉218-8511　FAX〈052〉218-8521　https://www.puretec.co.jp/

ラッピング

mini mini スライダーポーチ

特許を取得したオリジナルスライダーを装着した
小型の多目的収納ポーチです。

グラビア印刷の色彩と薄膜フィルムにスライダーがドッキング!
そのまま「小分け袋」は勿論、外装袋やスターターキット用に便利!

特長

- スライダーはチャックの開閉が簡単便利です。
- スライダーはカラフルな色で、ツートンカラーも可能です。
- 縦開きも可能です。

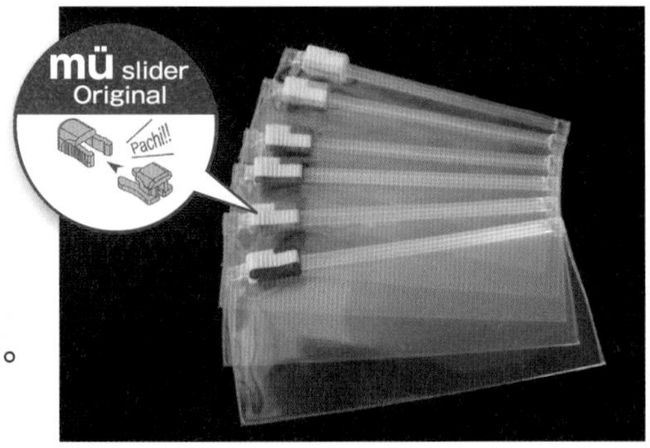

mü Slider ミュースライダー

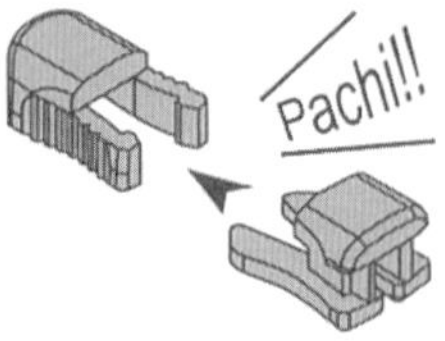

特許取得品

世界初! ツートンカラーのスライダー

一般に広く使用されている一対型の発想を払拭し、
分離型として開発いたしました。(二つのパーツを
嵌合させて一つのスライダーにします。)

ツーパーツだから…
カラーの組み合わせによって、愛らしさが芽生え、
売り場での訴求効果が期待されます。

mϋpack

株式会社 ミューパック・オザキ
〒581-0042 大阪府八尾市南木の本 5 丁目 2 番地
TEL.072-991-1505 FAX.072-993-9946
ミューパック・オザキ 検索

エッジスタンド®

スカートのような袋底面部にヒダが台座としての役割を果たし自立性を高めるという全く新しい構造のスタンドパウチです。

●フィルム構成
PET//LLPE

●用途
洋菓子、和菓子、キャンディ、ドリップコーヒー、粉末スープ等の集積包装

●特性
※美しくすき間なく陳列できアイキャッチ性に優れる。
※売場スペースを有効に活用できます。
※紙箱、プラスチック容器、金属缶などに比べ軽量また、環境にやさしい。

スタンディングパウチ
底ガゼットタイプ

電子レンジ加熱用
パッケージ

せいろパック®

積層フィルムの伸度差を利用し、内圧により穴が開く画期的な自動開孔システムを備え、小さな蒸気孔のため大きな蒸し効果を発揮する「電子レンジ加熱用パッケージ」です。

●フィルム構成
NY//LLPE

●用途
ハンバーグ、スパゲッティ、肉まん、温野菜、煮魚、弁当、各種惣菜
※レトルト殺菌、ボイル殺菌には適しません。

●特性
※上面に蒸気孔ができるため、ふきこぼれしにくい構造です。
※小さな蒸気孔のため、大きな蒸らし効果を発揮します。
※シール部分は通常の全面シールのため加熱後もシール部からの液もれはありません。

※イラストはピロー包装タイプです。

せいろパック
自動開孔システム付袋

株式会社彫刻プラスト

【本社】
〒572-0075
大阪府寝屋川市葛原2-1-3
TEL. 072-829-3741(代)　FAX. 072-829-3770

【東京支社】
〒102-0073
東京都千代田区九段北1丁目3番5号 九段北一丁目ビル10F
TEL. 03-3234-6401(代)　FAX. 03-3234-5882

http://www.chokokuplast.co.jp

提案・企画力 豊富な経験

小ロット より対応

ご予算に 合わせた

敏速に 対応

販売ビジネスにはオリジナル性(儲かる仕組み)が大事!!

使い捨てのパッケージとまだ思っている人は、あなた自身の商品は
価格競争に巻き込まれてしまう。

7つの儲かる仕組み オリジナルパッケージで商品価値が更にパワーアップ!!

その1. 個性	パッケージに会社の個性を出すデザインを作ることで、御社の商品とすぐ分かる
その2. ロゴ	パッケージにロゴを入れるとブランド力が付き、宣伝になる
その3. URL	ホームページアドレスを入れることで、もっと御社の宣伝になる
その4. 豪華	使い捨てのパッケージのイメージを捨て、豪華にすることで商品価値を上げることが出来る
その5. 再生紙	再生紙を使うことで、社会的ミッションを提供することになる
その6. こだわり	こだわったパッケージにすることで、商品もこだわったものに見せることができる
その7. おまけ	パッケージにおまけを入れておく（手書きの文章でお礼を書いたしおりなど）

「包むこと」の全てを提供します

SONE 株式会社 曽根物産

本　　社 〒651-2128 神戸市西区玉津町今津427-1　TEL (078)915−0070　FAX (078)915−0069
淡路営業所 〒656-0122 兵庫県南あわじ市広田広田1221-1　TEL (0799)44−3858　FAX (0799)44−3859

曽根物産 検索

変形袋のスペシャリスト

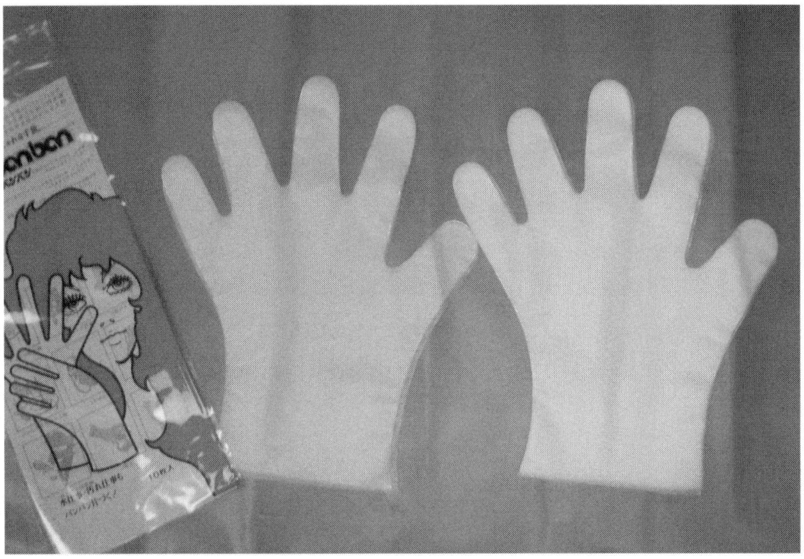

変形溶断シール及び
幅広変形シールなど
いろいろなシールが可能

水仕事に必須の手袋

ホイップ（絞り）袋

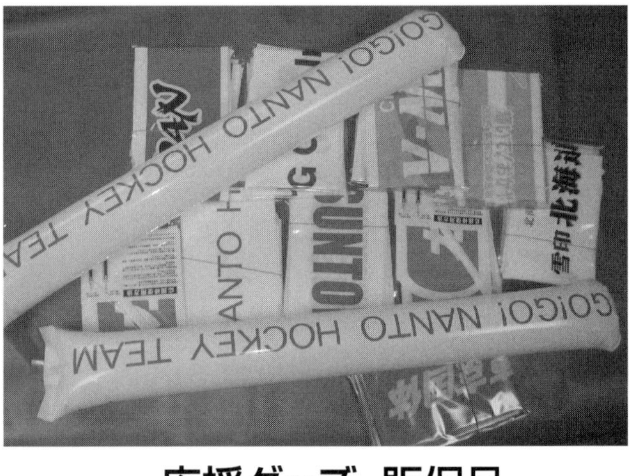

応援グッズ、販促品

ホームページ立ち上げました。ご覧下さい。
▶http://www.mood-shoji.co.jp/

変型ヒートシール加工
ムード商事株式会社
本社　〒639-2102　奈良県葛城市東室254番地
TEL.（0745）69-7844（代）　FAX.（0745）69-7838

針金なし

ふじ エコですタイ

登録商標

針金なし

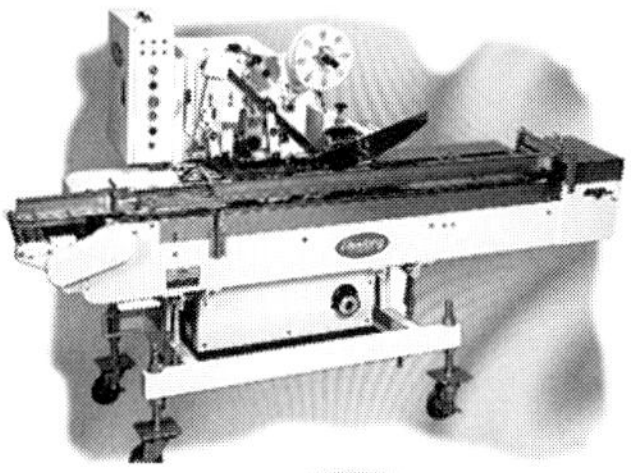

高速結束機

カラーバリエーション

1）ワイヤーを使っていませんので
- 手指等を傷つけず安全です
- 錆びの心配がありません
- 金属探知機にも反応しません
- あやまって電子レンジで使用しても安

2）生分解樹脂（主原料ポリ乳酸）よりで
- 土中の微生物により分解されます
- グリーン購入法にかなっています
- 燃やしても有毒ガスは発生しませんし
  ワイヤーはありませんから残りません

3）紫外線による強度等の劣化がほとんど
通常使用では当初の性能を維持します

4）約60℃以上で加熱すると元の形に戻り

保持力バツグン

ピンホールの心配なし

ジャバラ折機
FT-40ECO

金属探知機に反応しない

生分解

<使用例>

1）食品、菓子、その他袋物の袋口結束材
2）野菜、配線コード、おもちゃ部品、
その他まとめ用結束材として
3）農園芸や家庭菜園等に
4）その他ひねって使ういろいろな所に

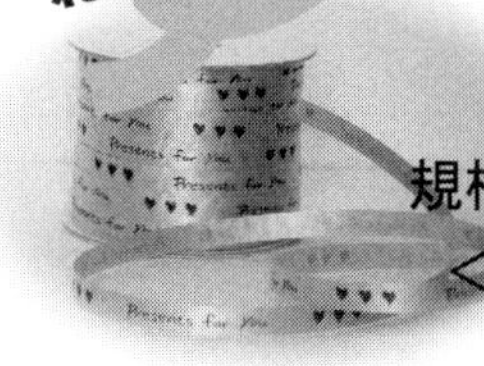

結んでカーリング

新商品ご案内
デコレットリボン

お菓子＆お土産

規格の版（4種類）×リボンの色（10色）×インキの色（6色）

<規格の版>

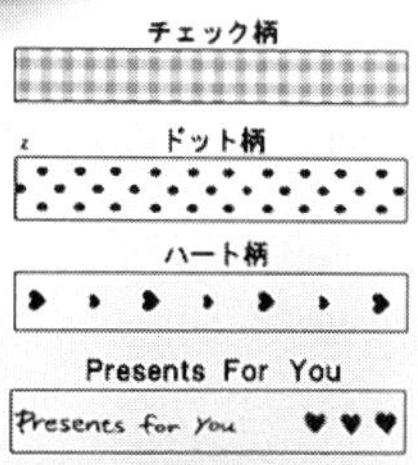

<リボンの色>

レッド	ホワイト
ブルー	ピンク
ライトグリーン	シルバー
イエロー	ゴールド
ブラウン	パープル

<インキの色>

レッド
オレンジ
ブルー
ピンク
ブラウン
ホワイト

サンプル例

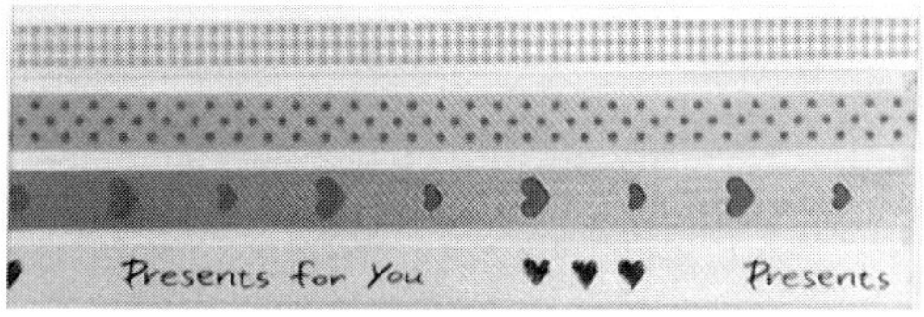

リボン規格

リボン幅	巻長さ	最小ロット
9mm	約100m	10巻

岡本化成株式会社

〒794-0804　愛媛県今治市祇園町3-4-15　TEL 0898-23-2300　FAX 0898-23-5337
http://www.okamoto-kasei.co.jp　E-mail:info@okamoto-kasei.co.jp

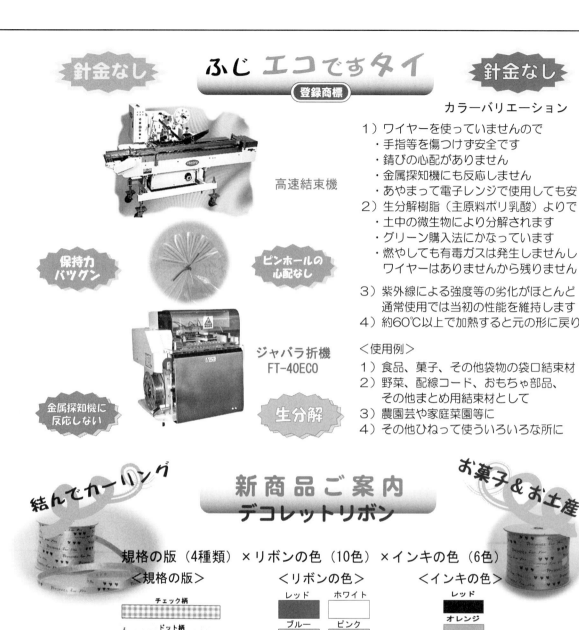

お客様の多様なニーズにお応えするために、パッケージ製品の企画・製造はもちろんのこと、販売促進ツールとしての商品のご提案から、最適な包装形態を考えたラッピングサービス、さらには発送までのセット販売を中核として、パッケージサービスの一気通貫メーカーを目指してまいります。

- 東海、北陸地方のお客様に対する一層のサービス強化のため、名古屋営業所を名古屋支店としました。
- 工場「大阪第2センター」を2011年7月に竣工しました。同工場は化粧品、医薬部外品製造許可を受けております。

大阪第 2 センター

株式会社ショーエイ コーポレーション

〒541-0051 大阪市中央区備後町 2-1-1 第二野村ビル7F

【本社】TEL.06-6233-2636　【営業】TEL.06-6233-2666

URL https://www.shoei-corp.co.jp/

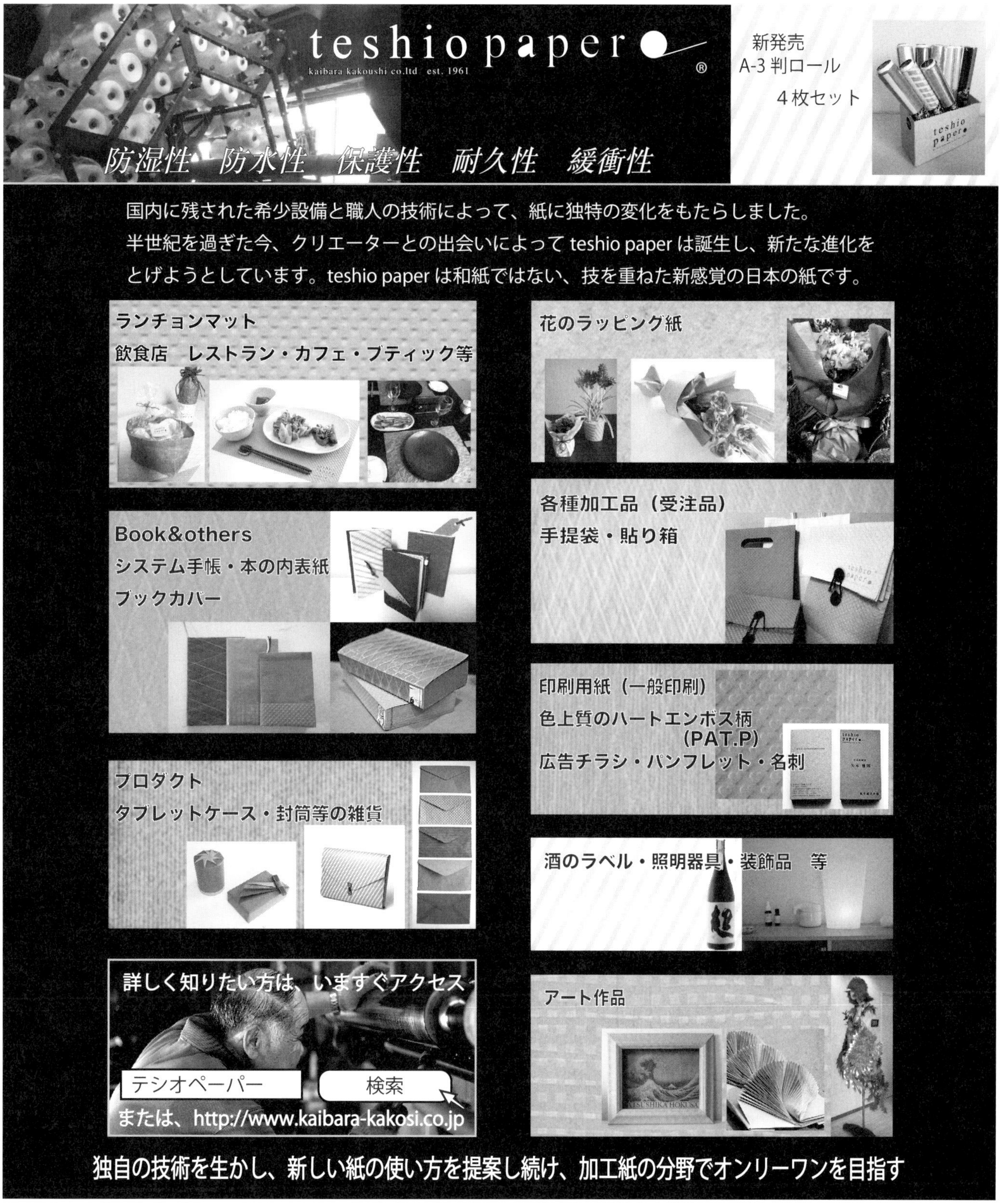
teshio paper
kaibara kakoushi co.ltd est. 1961
新発売
A-3 判ロール
4枚セット
防湿性 防水性 保護性 耐久性 緩衝性
国内に残された希少設備と職人の技術によって、紙に独特の変化をもたらしました。
半世紀を過ぎた今、クリエーターとの出会いによって teshio paper は誕生し、新たな進化を
とげようとしています。teshio paper は和紙ではない、技を重ねた新感覚の日本の紙です。
ランチョンマット
飲食店 レストラン・カフェ・ブティック等
花のラッピング紙
各種加工品（受注品）
手提袋・貼り箱
Book&others
システム手帳・本の内表紙
ブックカバー
印刷用紙（一般印刷）
色上質のハートエンボス柄
(PAT.P)
広告チラシ・パンフレット・名刺
プロダクト
タブレットケース・封筒等の雑貨
酒のラベル・照明器具・装飾品 等
詳しく知りたい方は、いますぐアクセス
テシオペーパー
検索
または、http://www.kaibara-kakosi.co.jp
アート作品
独自の技術を生かし、新しい紙の使い方を提案し続け、加工紙の分野でオンリーワンを目指す

柏原加工紙株式会社

〒669-3309 兵庫県丹波市柏原町柏原１５６１
TEL : 0795-72-1137 FAX : 0795-72-2726
E-mail : kakosi@gold.ocn.ne.jp

紙器
紙製包材

安心の国内自社工場で作られた熱プレス成形の紙製容器です!

人と環境にやさしい

ナチュラルパルプ®

循環資源である間伐材や植林木等を原料とした木材パルプを100% 使用。
成木を適度に伐採、若木を植林して管理された森林は二酸化炭素 CO2をより多く吸収して成長していきます。
新しく開発した原紙のみを使用して、油分と水分を染み込みにくくしたナチュラルパルプは環境負荷の低い紙製簡易食器です。

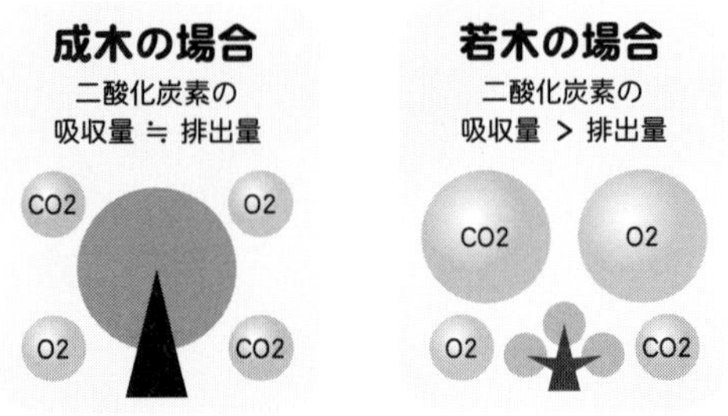

成木よりも若木は成長段階で二酸化炭素を多く吸収します。（イメージ）

ナチュラルパルプペーパープレート、ボウルは、サイズ、形状を豊富に揃えております。

緑がカールされた保形性に優れた耐熱性紙容器。
冷凍食品、チルド食品、お惣菜などの容器に最適です。

ペーパーフードコンテナー

カール部分

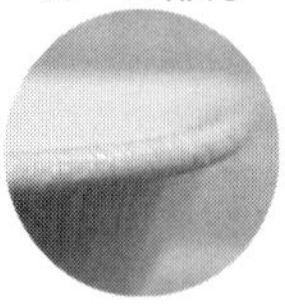

より衛生的な環境のクリーンルームを完備した新しい工場棟を2014年10月に竣工しました。

熱を伝わりにくくした「断熱紙どんぶり」です。

DKD-550
断熱紙どんぶり 550ml

実用新案:第3180072

ひっくり返りにくいペット用の「ペーパーフードボウル」です。

PFB-210
ペーパーフードボウル 210ml

実用新案:第3177292

紙は、循環型のライフサイクルがあり、その過程において多くの二酸化炭素を吸収する、環境に優しい優れた素材です。
弊社は独自に蓄積した技術 により、紙食器から深型紙容器まで幅広いニーズにお応えします。

P&W ペーパーウェア株式会社

本　社　〒101-0025 東京都千代田区神田佐久間町3-21-2
TEL 03(5833)5050　FAX 03(5833)5170
千葉工場　〒270-0216 千葉県野田市西高野278
TEL 04(7196)3791(代) FAX 04(47196)3799

ここでは紹介しきれいない製品を多種、多様に取り揃えております。
弊社ホームページを是非一度ご覧ください。

http://www.paperware.co.jp

sales@paperware.co.jp

関連資材
機械

食品 パッケージ用品一式

◎スーパー.外食.医療(厨.包.衛.店舗.備.庫.材)関連資材の総合メーカー！

新日本ケミカル・オーナメント工業株式会社

食品包装資材	刺身ブリッジ、造花、弁当用しょうゆ・ソース、バラン、紙コップ、アルミホイル、シリコンペーパー他
包装機械	卓上シーラー、足踏シーラー、ラップカッター、パワーラップ真空包装機他
外食産業用品	キッチンタオル(不織布)、プラスプーン・フォーク、使い捨て(まな板・エプロン・手袋・各種)他
厨房調理道具	業務用まな板(PE、抗菌、合成ゴム)、炊飯ネット、前掛(ワンタッチ他)、厨房シューズ、白長靴他
包装衛生	手袋(エンボス、手術用タイプ他)、マスク及び帽子(紙、不織布、電着)、前掛(PVC、ウレタン他)他
季節装飾	正月用飾り(福扇・尾紙・鯛かご・松竹梅飾・金箔)、チャップ花、ツリー他
介護衛生資材	便座シート、手袋(PVC、ラテックス、PE、ニトリル)、マスク及帽子(紙、不織布、電着)、前掛(使い捨)
開店備品	スーパーかご、ワンタッチワゴン、ラップカッター、人工芝(水・肉・青果)、別注のぼり一式他
物流用品	搬入台車、積み上げテナー、ボックステナー、日除けシート、運搬台車他
倉庫用品	スチール棚(軽中量・中量用)、ステンレス棚、ストックカート、多目的車他

食品スーパー開店設備品一式

http://www.sncom.jp　E-mail:info@sncom.co.jp

本　社　〒596-0804 大阪府岸和田市今木町101番地
TEL/072(443)3050(代 表)　FAX/072(443)6598(161可)
名古屋　TEL/052(561)5520(中村区)　埼　玉　TEL/048(969)5700(越谷市)
仙　台　TEL/022(283)0760(宮城野区)　福　岡　TEL/092(940)5711(新宮町)
札　幌　TEL/011(753)7770(東　区)

販売代理店募集中

クリーン用品製造

〜使い捨て各種〜 手袋

各種手袋製造

PVC プロタイトグローブ 食品衛生法適合 半透明 粉あり/粉なし

非フタル酸 ブルー

ニトリル ニトロングローブ淡水色 超厚手

ニトリル ニトロン35N グローブ 薄手

PVC プラトロングローブ 半透明 粉あり/粉なし

PVC タイトロングローブ 透明

天然ゴム ディスポグローブ 乳白 粉あり/粉なし

PE ハイデングローブ

PE ハイボスグローブ

PE シルキーグローブ 半透明

PE ニュー ケミカルグローブ ストレッチタイプ

PE クリスターグローブ

PE ダイヤモンドグローブ

PE ピタットグローブ ストレッチタイプ 半透明 ブルー

PE ロンググローブ 用途によって長さが選べる!最長肩まで! 長さ45cm 長さ53cm 長さ60cm 長さ78cm

マスク

透明タイプ 不織布タイプ

笑顔が見える透明マスク **クリスターマスク®** 平型

・お客様に笑顔で対応!
・長時間着用でも快適!
・繰り返し使用でコスト削減

特許庁:実用新案権取得済

ポンキーマスクE/X 3層式

プリーツ4つ折り構造の特徴

広げると立体的　表面・裏面がわかりやすい　お化粧崩れしにくい　内付き紐で鼻の輪郭にフィットしやすい

微粒子ろ過効率(PFE)95%以上
細菌ろ過効率(BFE)95%以上※

※(一財)カケンテストセンター

2層式 不織布 ポンキーマスク(D/X)耳掛け式

2層式 不織布 ポンキーマスク(D/X)頭掛け式

横幅21cm 大きいサイズ 3層式 大きいサイズ
BFE(細菌バリア)・PFE(微粒子)・VFE(ウィルス) 99%カット
不織布 ポンキーマスク(BIG)耳掛け式

洗えるマスク 打抜式 ウレタンマスク

フェースシールド

ゴーグル

粘着ローラー 本体 スペア:T120 スペア:T80 スペア:S160

◎スーパー.外食.医療(厨.包.衛.店舗.備.庫.材)関連資材の総合メーカー!

sn:com **新日本ケミカル・オーナメント工業株式会社**

食品包装資材	刺身ブリッジ、造花、弁当用しょうゆ・ソース、バラン、紙コップ、アルミホイル、シリコンペーパー他	季節装飾	正月用飾り(福扇・尾紙・鯛かご・松竹梅飾・金箔)、チャップ花、ツリー他
包装機械	卓上シーラー、足踏シーラー、ラップカッター、パワーラップ真空包装機他	介護衛生資材	便座シート、手袋(PVC、ラテックス、PE、ニトリル)、マスク及帽子(紙、不織布、電着)、前掛(使い捨)
外食産業用品	キッチンタオル(不織布)、プラスプーン・フォーク、使い捨て(まな板・エプロン・手袋・各種)他	開店備品	スーパーかご、ワンタッチワゴン、ラップカッター、人工芝(水・肉・青果)、別注のぼり一式他
厨房調理道具	業務用まな板(PE、抗菌、合成ゴム)、炊飯ネット、前掛(ワンタッチ他)、厨房シューズ、白長靴他	物流用品	搬入台車、積み上げテナー、ボックステナー、日除けシート、運搬台車他
包装衛生	手袋(エンボス、手術タイプ他)、マスク及び帽子(紙、不織布、電着)、前掛(PVC、ウレタン)他	倉庫用品	スチール棚(軽中量・中量用)、ステンレス棚、ストックカート、多目的車他

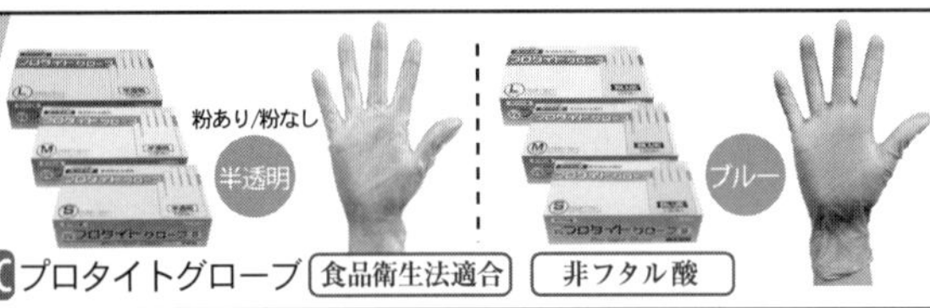

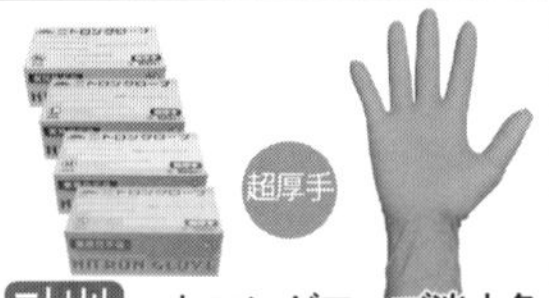

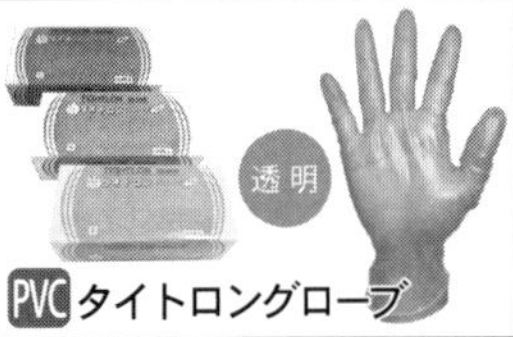

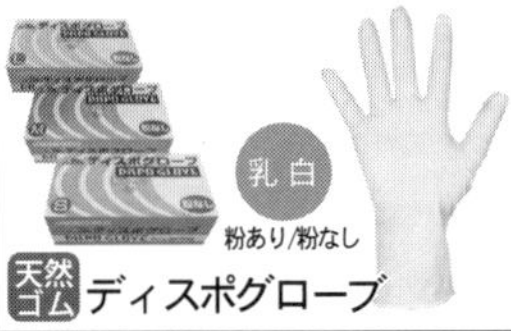

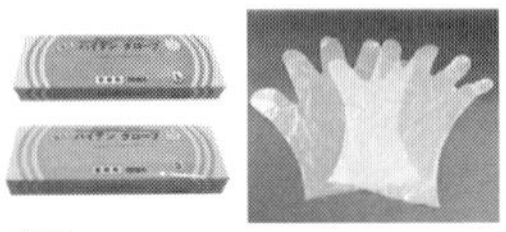

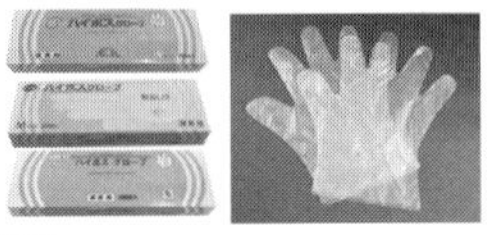

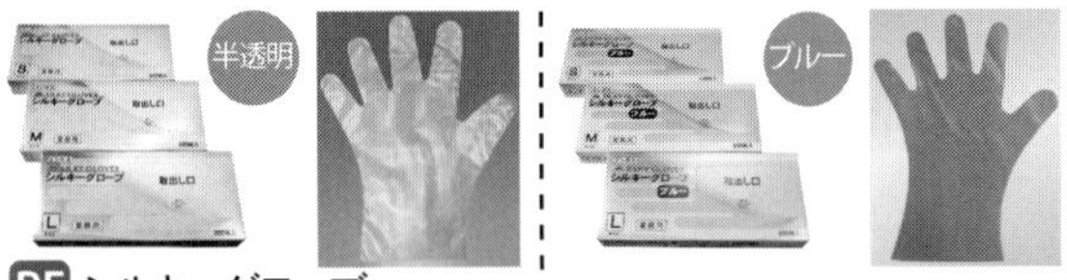

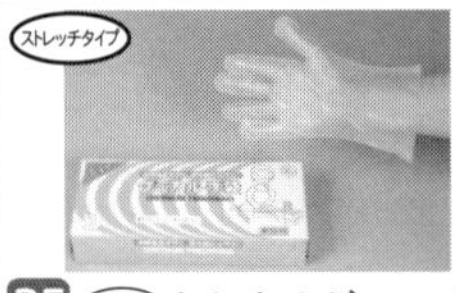

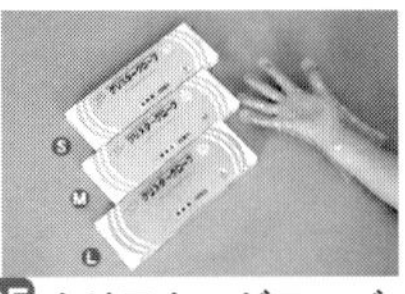

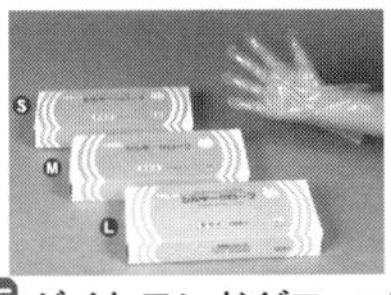

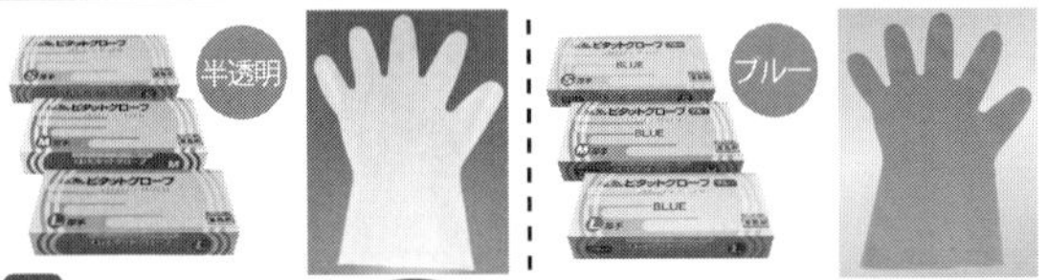

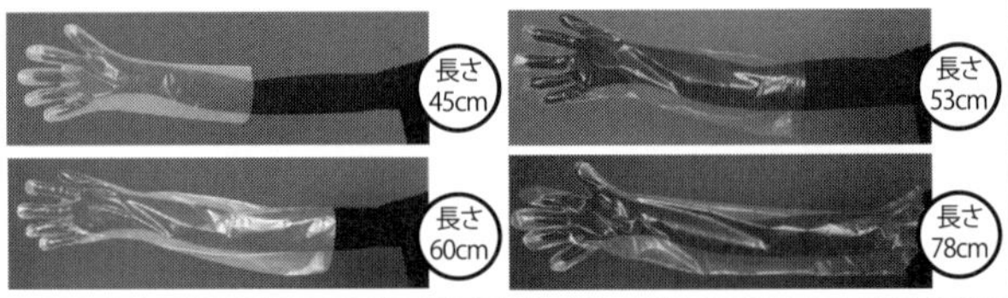

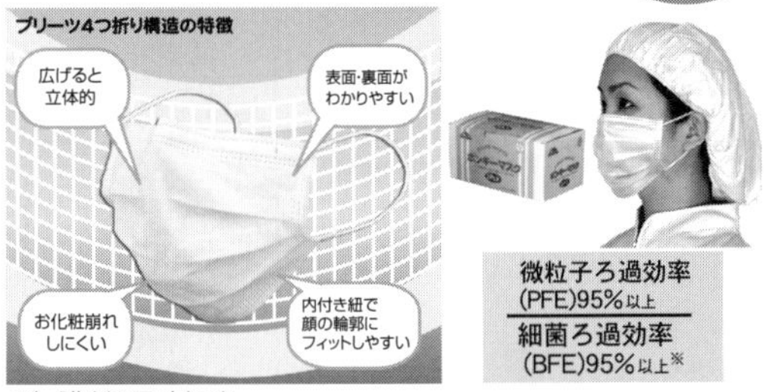

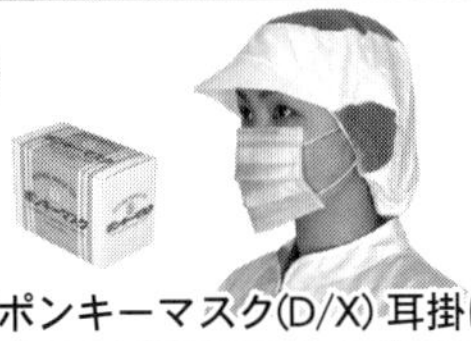

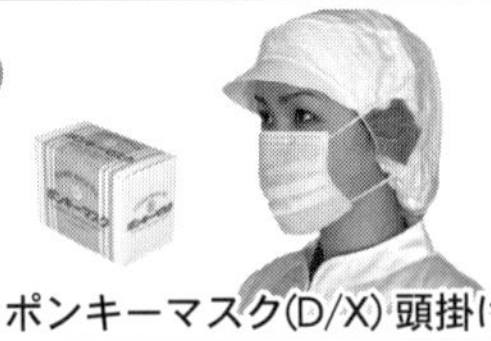

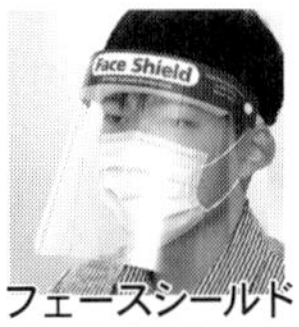

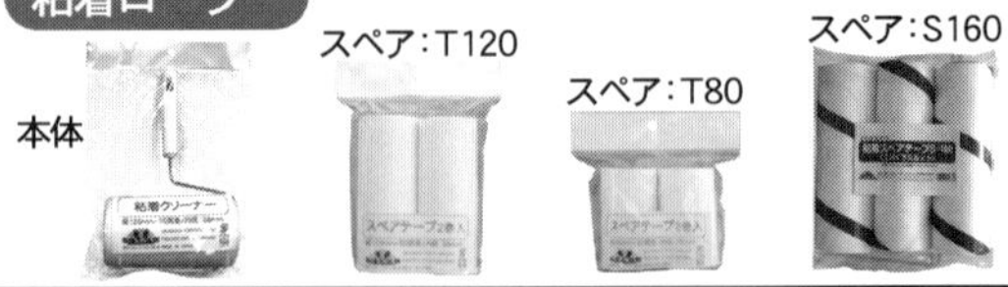

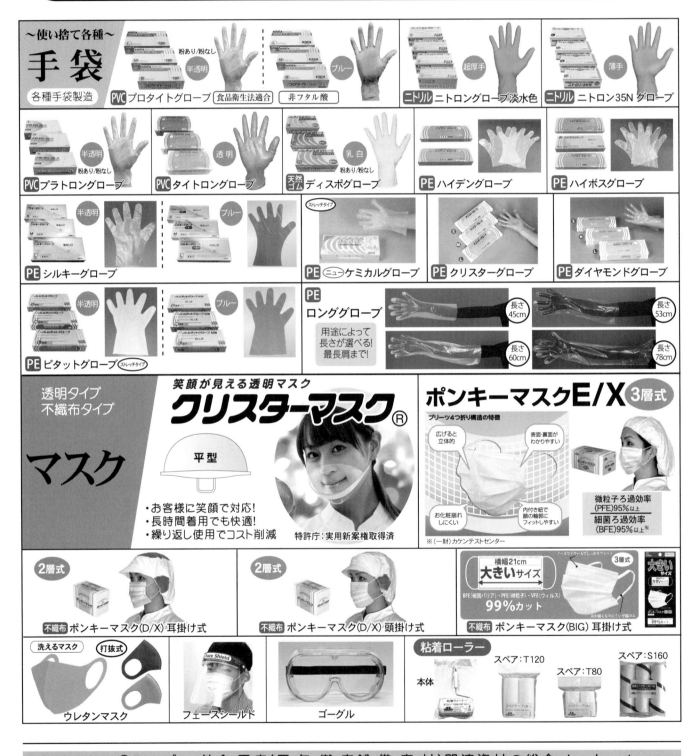

クリーン用品製造

使い捨てエプロン

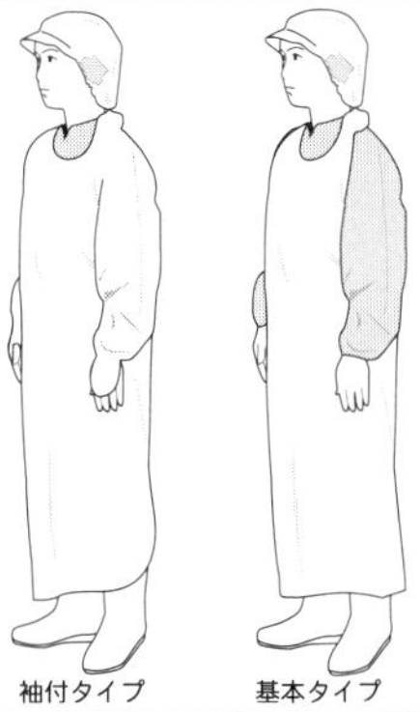

袖付タイプ　基本タイプ

用途に合わせてカラーやタイプがお選び頂きます！

- ■エンゼルエプロン（ブルー）
- ■リカエプロン
- ■ビガーエプロン
- ■ミルキーエプロン
- ■ポンキーエプロン（半透明・ブルー）
- ■ポンキー袖付エプロン（半透明・ブルー）

その他

後

袖付タイプ

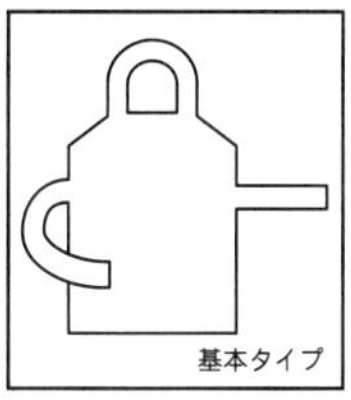

基本タイプ

使い捨てコート

工場見学・イベント
野外活動など
色々な場面で活躍！

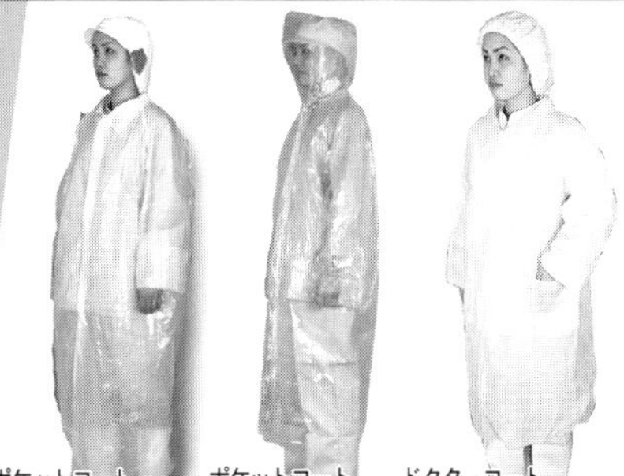

ポケットコート（フード無）　ポケットコート（フード付）　ドクターコート（不織布）

防護服カバーオール

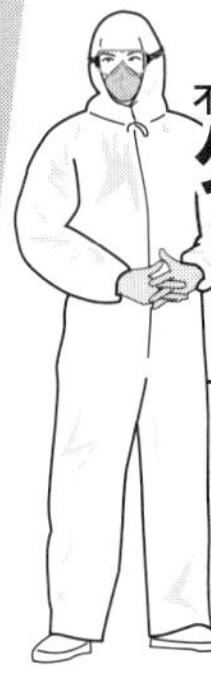

不織布防護服
ケミガード
（フード付）

防護服に関する国際規格
ISO 13034
ISO 13982-1
適　合

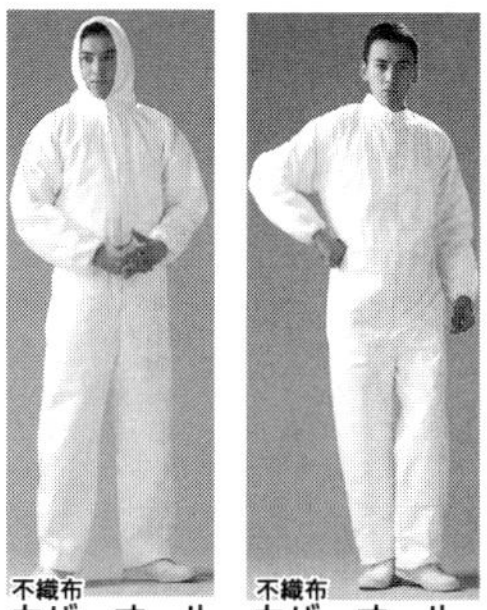

不織布カバーオール（フード付）　不織布カバーオール（フード無）

～不織布～ 電着帽

頭髪落下防止用

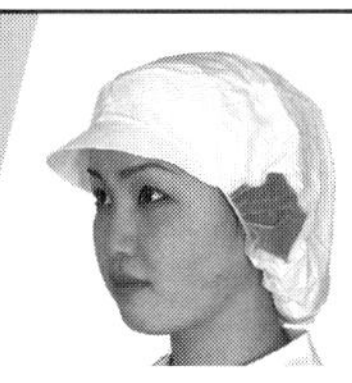

電着帽 天クロス（ツバ付）

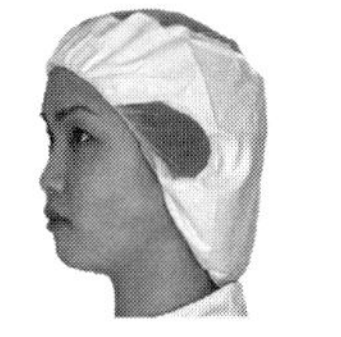

電着帽 天メッシュ

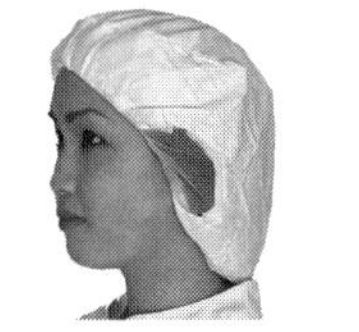

電着帽 天クロス

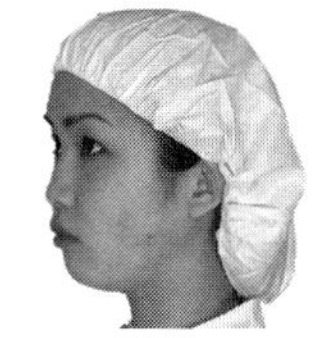

電着帽ミルキーキャップ

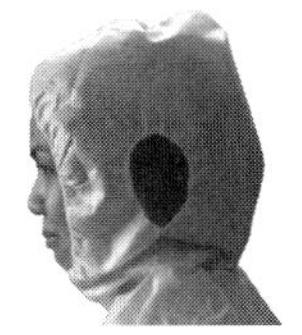

電白帽 頭巾型

使い捨て帽子 不織布

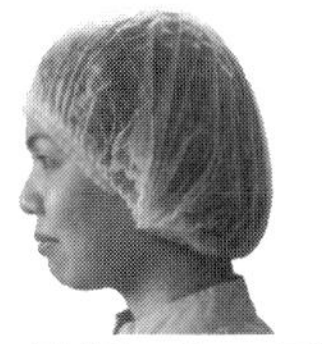

キャタピラーキャップ

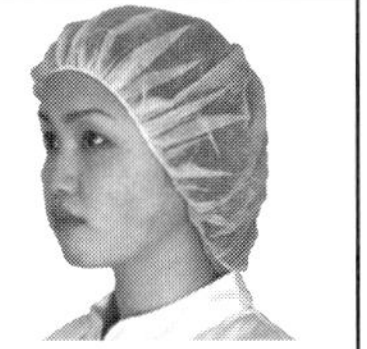

ミルキーキャップ（ツバ無）

ミルキーキャップ（ツバ付）

クリーン帽子（ツバ付）

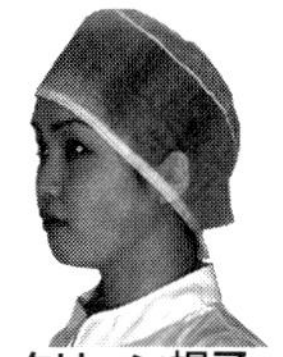

クリーン帽子（ヒモ付）

布帽

繰り返し使えて経済的

デリカメッシュキャップ（白・黒）

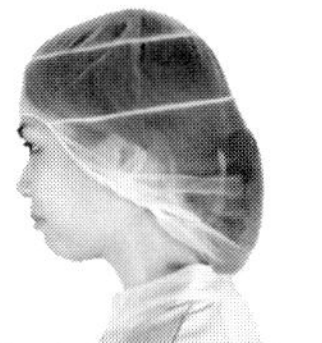

デリカヘアーネット（白・黒）

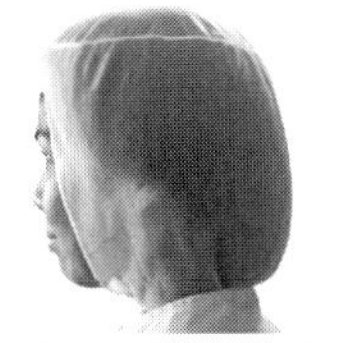

デリカヘアーネット（白）マジックテープ付

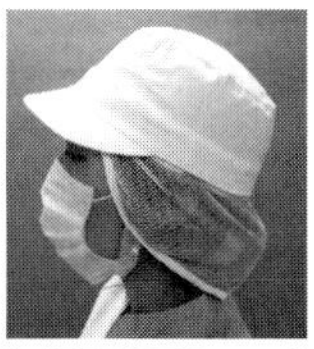

布帽子（天クロス）

布帽子（天メッシュ）

http://www.sncom.jp　E-mail:info@sncom.co.jp

本　社　〒596-0804 大阪府岸和田市今木町101番地
TEL/072(443)3050(代 表) FAX/072(443)6598(161可)
名古屋　TEL/052(561)5520(中村区)　埼　玉　TEL/048(969)5700(越谷市)
仙　台　TEL/022(283)0760(宮城野区)　福　岡　TEL/092(940)5711(新宮町)
札　幌　TEL/011(753)7770(東　区)

販売代理店募集中

お気軽にお問い合わせ下さい。

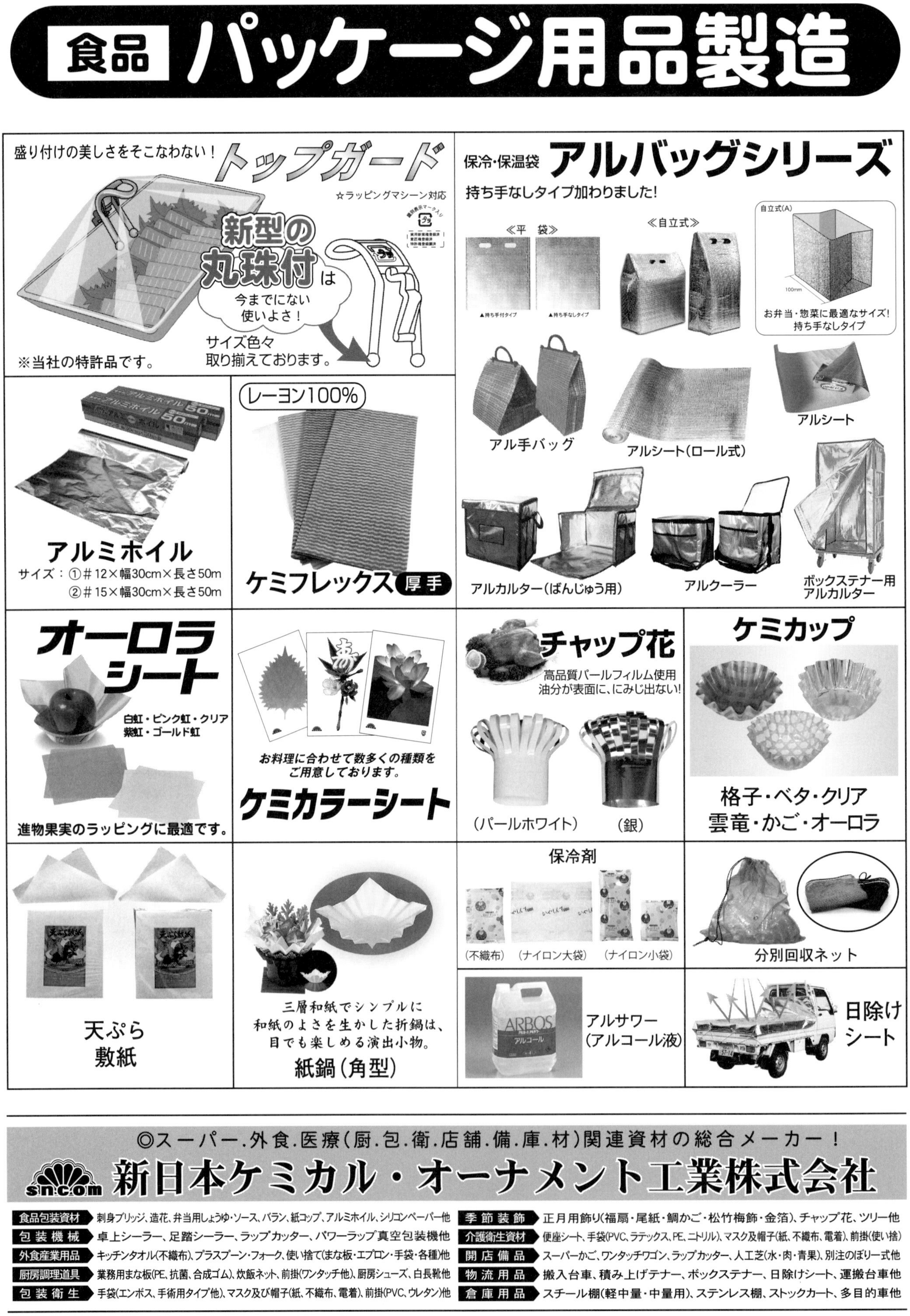

食品 パッケージ用品製造
盛り付けの美しさをそこなわない！
トップガード
☆ラッピングマシーン対応
新型の丸珠付は
今までにない使いよさ！
サイズ色々取り揃えております。
※当社の特許品です。
保冷・保温袋 アルバッグシリーズ
持ち手なしタイプ加わりました！
≪平　袋≫
≪自立式≫
自立式(A)
お弁当・惣菜に最適なサイズ！
持ち手なしタイプ
アル手バッグ
アルシート(ロール式)
アルシート
アルカルター(ばんじゅう用)
アルクーラー
ボックステナー用
アルカルター
アルミホイル
サイズ：①＃12×幅30cm×長さ50m
②＃15×幅30cm×長さ50m
レーヨン100%
ケミフレックス 厚手
オーロラシート
白虹・ピンク虹・クリア
紫虹・ゴールド虹
進物果実のラッピングに最適です。
お料理に合わせて数多くの種類をご用意しております。
ケミカラーシート
チャップ花
高品質パールフィルム使用
油分が表面に、にみじ出ない！
(パールホワイト)
(銀)
ケミカップ
格子・ベタ・クリア
雲竜・かご・オーロラ
天ぷら
敷紙
三層和紙でシンプルに
和紙のよさを生かした折鍋は、
目でも楽しめる演出小物。
紙鍋(角型)
保冷剤
(不織布)
(ナイロン大袋)
(ナイロン小袋)
分別回収ネット
ARBOS
アルコール
アルサワー
(アルコール液)
日除け
シート
◎スーパー.外食.医療(厨.包.衛.店舗.備.庫.材)関連資材の総合メーカー！
sncom
新日本ケミカル・オーナメント工業株式会社
食品包装資材 刺身ブリッジ、造花、弁当用しょうゆ・ソース、バラン、紙コップ、アルミホイル、シリコンペーパー他
包装機械 卓上シーラー、足踏シーラー、ラップカッター、パワーラップ真空包装機他
外食産業用品 キッチンタオル(不織布)、プラスプーン・フォーク、使い捨て(まな板・エプロン・手袋・各種)他
厨房調理道具 業務用まな板(PE、抗菌、合成ゴム)、炊飯ネット、前掛(ワンタッチ他)、厨房シューズ、白長靴他
包装衛生 手袋(エンボス、手術用タイプ他)、マスク及び帽子(紙、不織布、電着)、前掛(PVC、ウレタン)他
季節装飾 正月用飾り(福扇・尾紙・鯛かご・松竹梅飾・金箔)、チャップ花、ツリー他
介護衛生資材 便座シート、手袋(PVC、ラテックス、PE、ニトリル)、マスク及帽子(紙、不織布、電着)、前掛(使い捨)
開店備品 スーパーかご、ワンタッチワゴン、ラップカッター、人工芝(水・肉・青果)、別注のぼり一式他
物流用品 搬入台車、積み上げテナー、ボックステナー、日除けシート、運搬台車他
倉庫用品 スチール棚(軽中量・中量用)、ステンレス棚、ストックカート、多目的車他

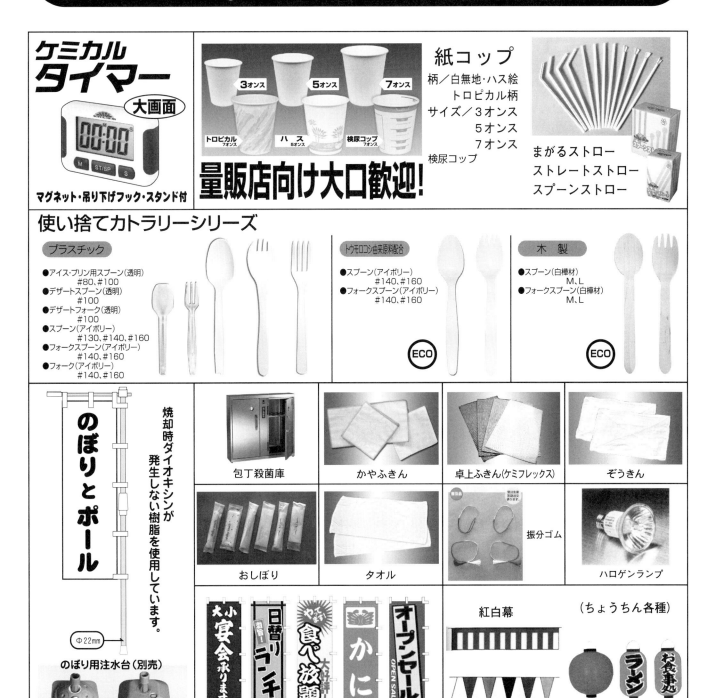

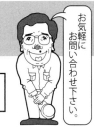

厨房調理道具製造

業務用まな板

サイズ別註承ります!!
常備在庫200トン以上

別註サイズ可
最大200×100cm

二色まな板
(ブルー/白・ピンク/白)

カッティングボード
使い捨てまな板でより衛生的な作業に
洗浄、殺菌作業の軽減により、経済的で手軽に使えます!
衛生
汚れても衛生的にサッと取替えられます
筒状にして食材をこぼさずスピーディに鍋等に移せます

合成ゴムまな板(木質)

ニュー衛生まな板ブルー

抗菌まな板(乳白・木質)

耐熱まな板

プラスチックまな板(白)

カラーまな板
(ブルー・グリーン・ピンク・ダークブルー・ダークグリーン・ダークピンク)

家庭用抗菌まな板

まな板用馬

まな板立て
まな板立ても別註OK!

食材による使い分けに便利! カラーポイント付まな板

赤 青 黄 緑
お好きな場所にカラーポイントをお付けします。詳細はお問合せください。

抗菌 クッキングボード(木質色PE・乳白色PE)

角型中華用まな板

丸型中華用まな板

牛刀・出刃・筋引・三徳・柳刃・菜切・骨スキ・ペティ・中華・魚卵用球付
(ステンレス製、紅木柄及び肉専用も有ります。)

業務用包丁特売中
常備在庫1万本以上

牛刀

出刃ツバ付(左利き用)

出刃
白鋼又は青鋼

巾広冷凍

大型 万能

正丈(さしみ)
白鋼又は青鋼

やすり棒

おすすめ品

炊飯ネット

おすすめ品

サンドタワシ
荒目　細目
レギュラー(荒目・細目)、ラージ(荒目・細目)

おすすめ品

ステンレスタワシ
#30, #60, #100

アルネットタワシ

ケンマブロックタワシ

各種タワシ製造

ケミフレックス 厚手

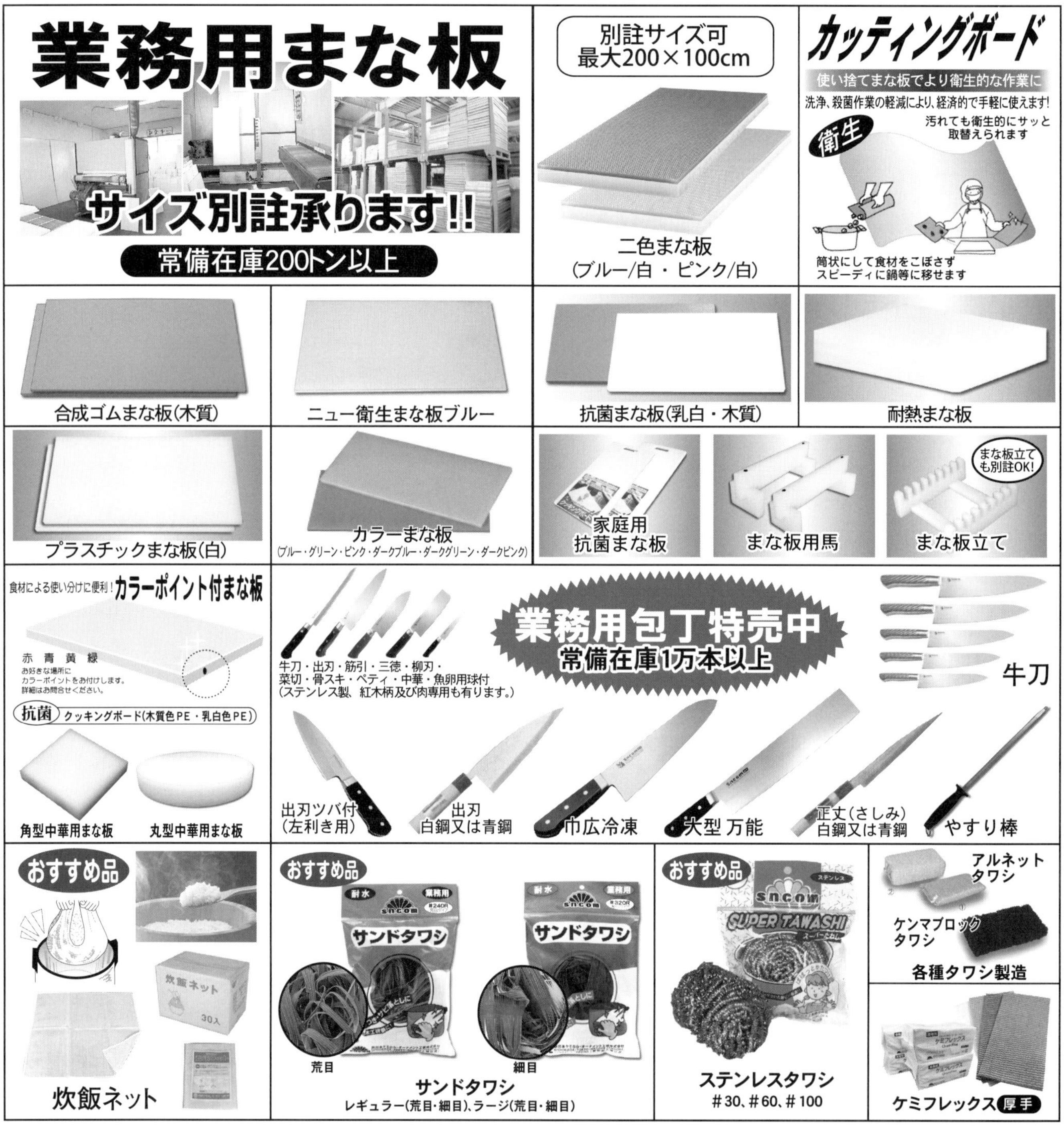

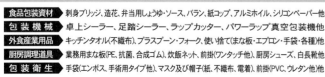

厨房調理道具製造

前掛各種製造

丈夫なターポリン、軽いウレタン、経済的なPVC
ディスポタイプのPE素材をご用意しております。

≪用途に合わせて多種多様なデザインからお選びいただけます≫

腕・シューズカバー

アームカバー(ポリエチレン)
〈乳白・ブルー〉

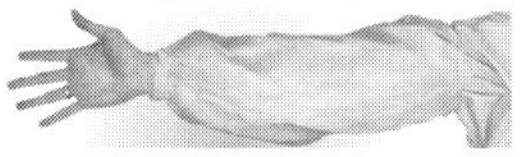

アームカバー(PVC)

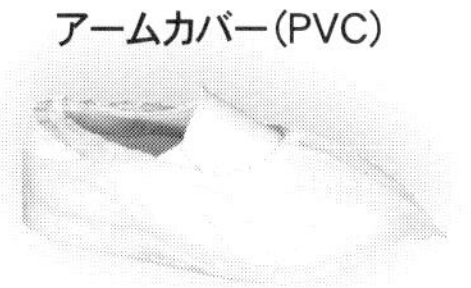

シューズカバー〈乳白・ブルー〉
(ポリエチレン)

■高品質ステンレススチール(AISI 316L)製■

ステンレスメッシュ手袋

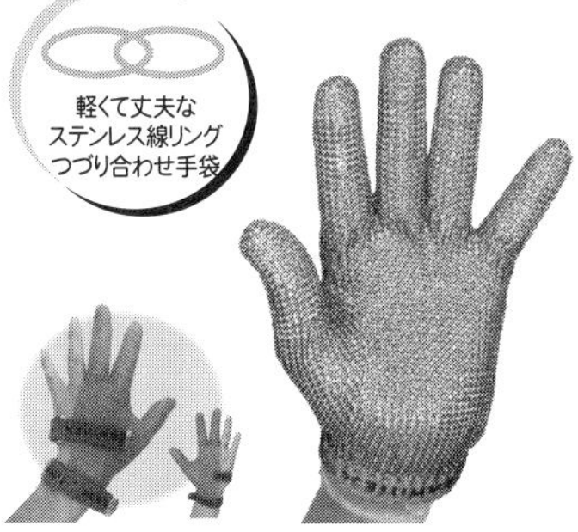

3本指　5本指

ウレタンワンタッチ
胸付前掛(K型)

幅90×H115cm

白　青

2色のカラーで使い分け可能

ガッツエプロン
(打抜き式)

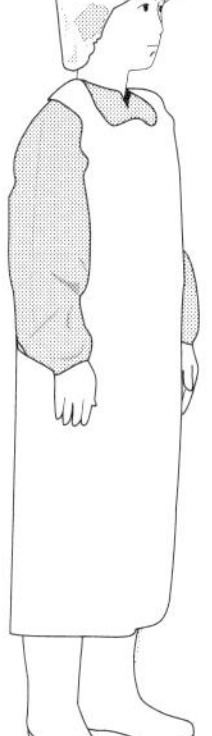

環境に優しい
ウレタン素材

白　青

2色のカラーで使い分け可能

本社社屋

事務所内

工場内

http://www.sncom.jp　E-mail:info@sncom.co.jp

本　社　〒596-0804　大阪府岸和田市今木町101番地
TEL/072(443)3050(代 表)　FAX/072(443)6598(161可)
名古屋　TEL/052(561)5520(中村区)　埼　玉　TEL/048(969)5700(越谷市)
仙　台　TEL/022(283)0760(宮城野区)　福　岡　TEL/092(940)5711(新宮町)
札　幌　TEL/011(753)7770(東　区)

販売代理店募集中

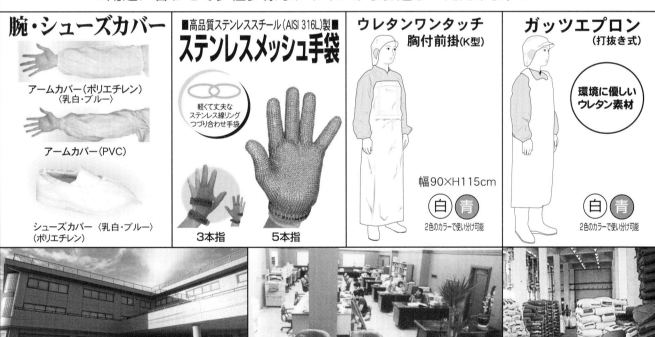

NUシリーズ (NEXT USEの意味)

ディスプレイで使用したものを、商品購入者が再利用できるような形にした「捨てない資材」のこと

商品を吊るすフックとして使用したものを…

再利用して使用

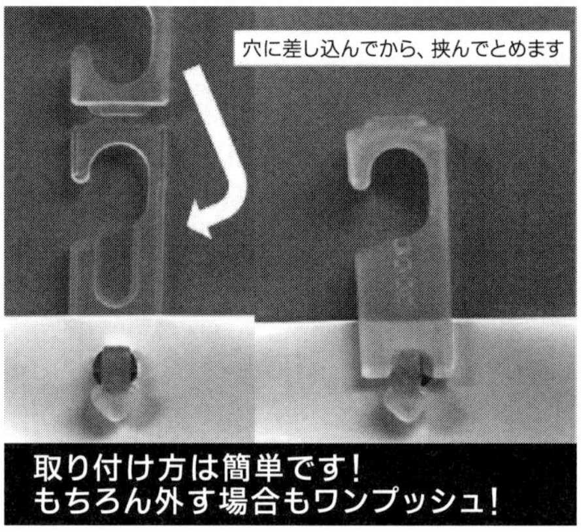
穴に差し込んでから、挟んでとめます
取り付け方は簡単です!
もちろん外す場合もワンプッシュ!

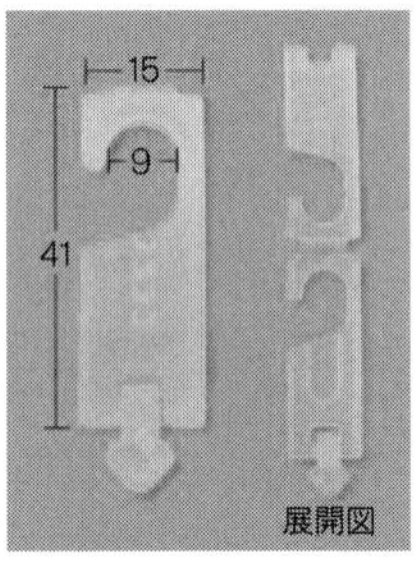
15
9
41
展開図

NUシリーズパックルタイプ

□材質：ポリプロピレン
□カラー：ナチュラル
□入数：10,000個（500個×20袋）
□参考穴サイズ：φ6～7㎜OP袋
φ7～8㎜紙ヘッダー

※フック部は「袋止め具」として
再利用できます

NUパックルの
説明はこちら

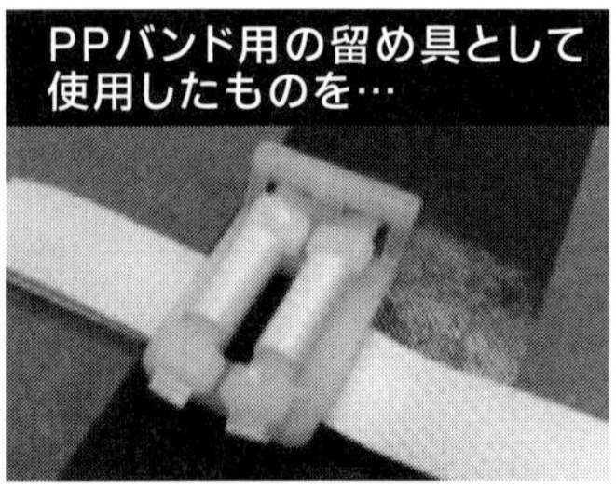
PPバンド用の留め具として
使用したものを…

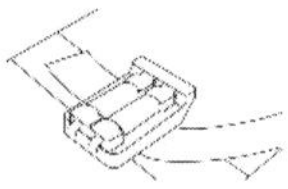

再利用して…

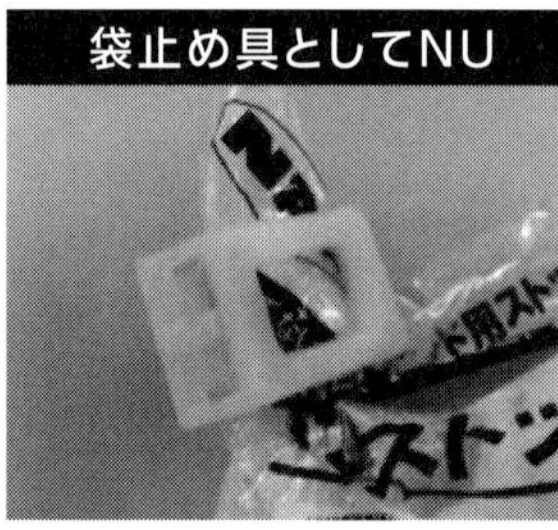
袋止め具としてNU

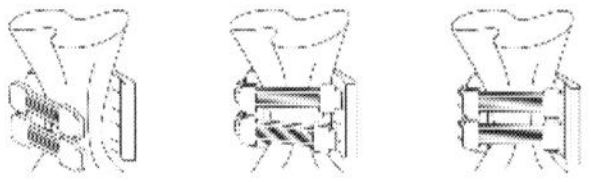

使ったら捨てるだけの、PPバンドをとめるストッパーを再利用できるのか?

それはNUシリーズなら可能です。
シリーズ第二弾の「NUストッパー16㎜」
取り外したあとも袋留めできる資材としてリユースできる。外したPPバンドをまとめるのにも役立つかもしれません。

しかも、弊社のストッパー史上最高強度の強さをほこる優れもの。環境にも配慮し、かつ、機能も高めたバンド用ストッパー。次世代のストッパーとして使ってみてはいかがでしょう?

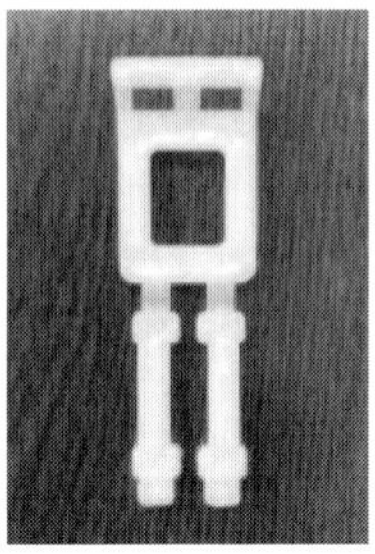

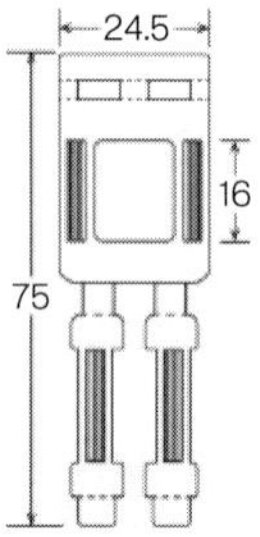
24.5
16
75

NUストッパー16㎜

□材質：ポリプロピレン
□カラー：ナチュラル
□入数：5,000個（100個×50袋）

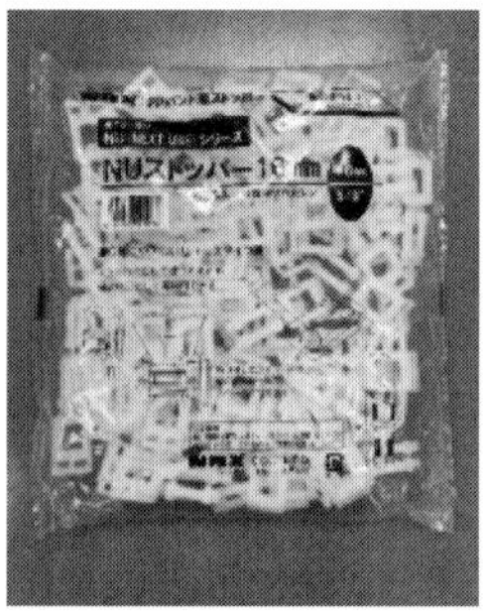

PLASTIC PACKAGING GOODS

NAX ナックス株式会社

本社
〒550-0003大阪市西区京町堀3-9-7
TEL 06-6447-7861㈹　FAX 06-6447-7862

東京営業所
〒110-0015東京都台東区東上野6-2-3エクシードビル2階
TEL 03-5827-1106

ホームページ

http://www.e-nax.co.jp　E-mail info@e-nax.co.jp

4色テスト機サンプル印刷受付中!
ラボラトリー見学企画大好評!

高精度CI 8色/10色フレキソ印刷機

watergreen

基本仕様

印刷速度:400m/min
印刷幅:820/1100/1300/1700mm
印刷リピート長:435〜900mm

特徴

- ●ショートランでの稼働率向上
- ●印刷品質の向上
- ●印刷ロスの低減
- ●高速安定性の向上

テスト機での印刷サンプルも、紙(4色)・透明フィルム(厚さ2種類)・乳白色フィルム、各種ご用意できました。

Watergreen Lab

CIフレキソ印刷機「Watergreen」の4色テスト機、プレート・マウンタ、スリーブカート、インキ循環装置が設置されているラボラトリーです。

実機見学の皆様より御好評頂いております。性能向上の為の調整・改造を日々実施しております。印刷テスト、ラボへの見学をご希望の方はお問合せ下さい。

見学お問合せは
TEL:0475-55-2135 (担当:営業部・鈴木)

小型インキ循環装置

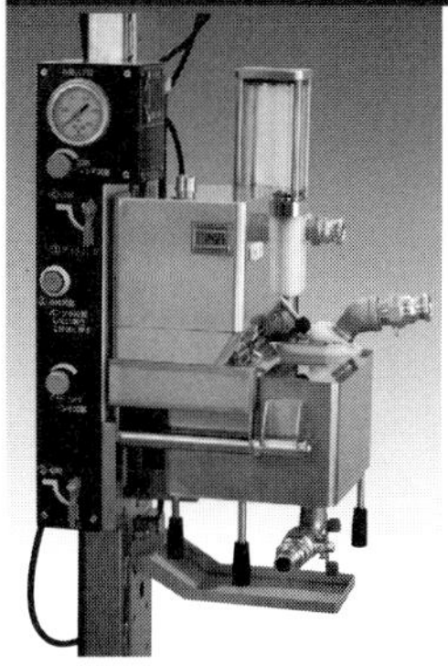

特徴

- ●インキ・コンテナ(容量6リットル)は約4kgと軽量で、本体から取外して単独で取扱い可能
- ●工具を使わず分解・洗浄でき、軽量で取扱え、準備が容易

プレート・マウンタ

刷版をスリーブから剥ぎ取り、
次に使う刷版をスリーブ上の正確な位置に貼ります。

特徴

- ●自動アライメント機能搭載。手作業よりも高精度で迅速な刷版の位置決め可能。
- ●版とクッション・テープを剥がす装置搭載。
- ●スライド・カッターにより理想的な45°の角度でクッション・テープをカット。テープ継合せ部分の膨らみを抑え、印刷品質の向上に貢献。

スリーブ・ストレージ

特徴

- ●移動が容易なラックはご要望に併せて増設が可能
- ●異なる径のスリーブに対応可能。工具レスで配置変更できる
- ●スリーブ保護用シート、落下防止ベルト装備

SOBU MACHINERY

総武機械株式会社
〒283-0824 千葉県東金市丹尾30-6 TEL:0475-55-2135 FAX:0475-53-1400
URL http://www.sobukikai.co.jp E-mail sobu@sobukikai.co.jp

PL-HACCP対策に

食品の味と安全を守るために

パイオニア クリーン環境機器

工場・製品のクリーン化はまず足元から…

シューズクリーナー PAT製品

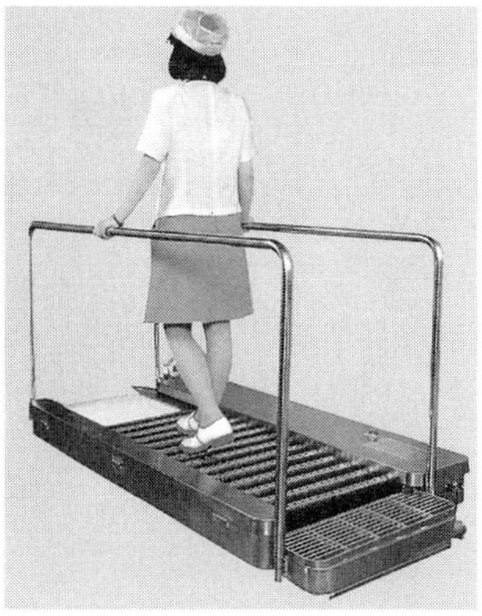

シューズクリーナーは食品工場、精密工場等の出入口に設置し、持ち込むゴミ、ホコリの70%を占める靴底(革靴は勿論、作業靴・長靴等の凸凹模様のある靴底まで)を特殊回転ブラシ機構により、上に乗って歩くだけですみやかに洗浄します。また、次亜塩素酸ソーダ等を適量使用すれば殺菌も可能です。

品質向上、環境創造のために

クリーンルームダスター PAT製品

■3方より同時吹き出し!!

入口ドアを開けると、上面および左右側面のジェットノズルから同時に噴射。作業者の全身に付着したゴミなど異物を吹き飛ばします。

■床面から吸い取る!!

噴射後の空気は足元から吸い取ってゴミを回収します。(粘着マット不要)

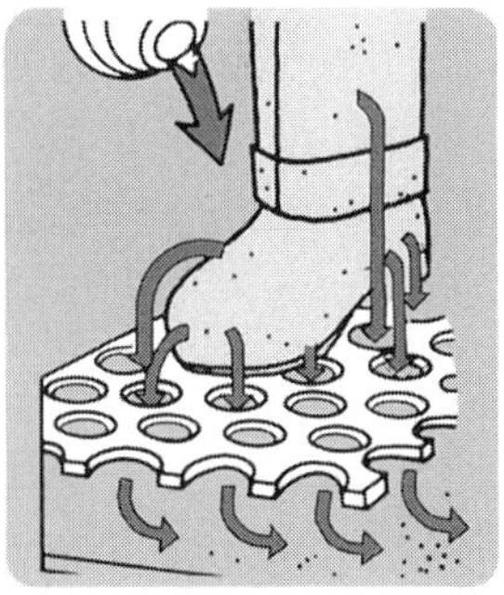

靴底を空気でキレイに

エアー吸着マット PAT製品

工場や事務所の通路・エアシャワーの中に…

- 高性能クリーニング
- 設置もメンテも簡単
- 省エネ・高効率
- 安全にも配慮

既設のエアーシャワーの中にも設置できます。

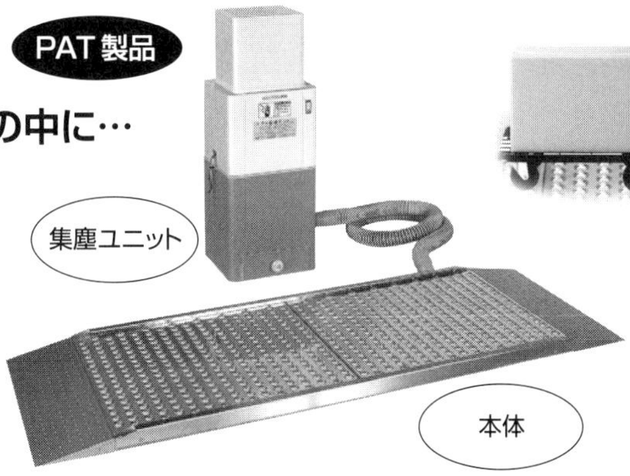

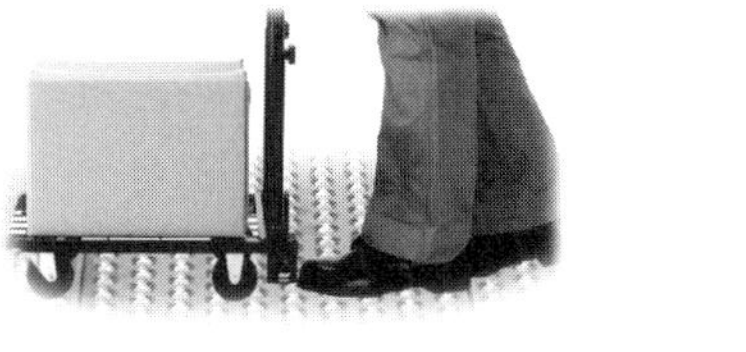

名古屋市工業技術グランプリ
(財)名古屋市工業技術振興協会長賞受賞

E-mail/info@paionia.co.jp URL/http://www.paionia.co.jp

営業品目:クリーンルームダスター・シューズクリーナー・空気清浄機 設計製作・販売

株式会社 パイオニア 風力機

本社・工場 〒458-0847 名古屋市緑区浦里3-25 TEL.052-892-6855(代) FAX.052-892-8803
関東営業本部 〒226-0025 横浜市緑区十日市場町881-5 TEL.045-982-5005(代) FAX.045-982-5216
九州営業所 九州工場 〒879-1504 大分県速見郡日出町大神2929-3 TEL.0977-72-9301 FAX.0977-72-0239
東北仙台営業所 〒982-0841 宮城県仙台市太白区向山3丁目1-10 TEL.022-217-8620 FAX.022-217-8621

曲面印刷機（ドライオフセット印刷機）の生産性向上に

印刷版への特殊コーティング処理

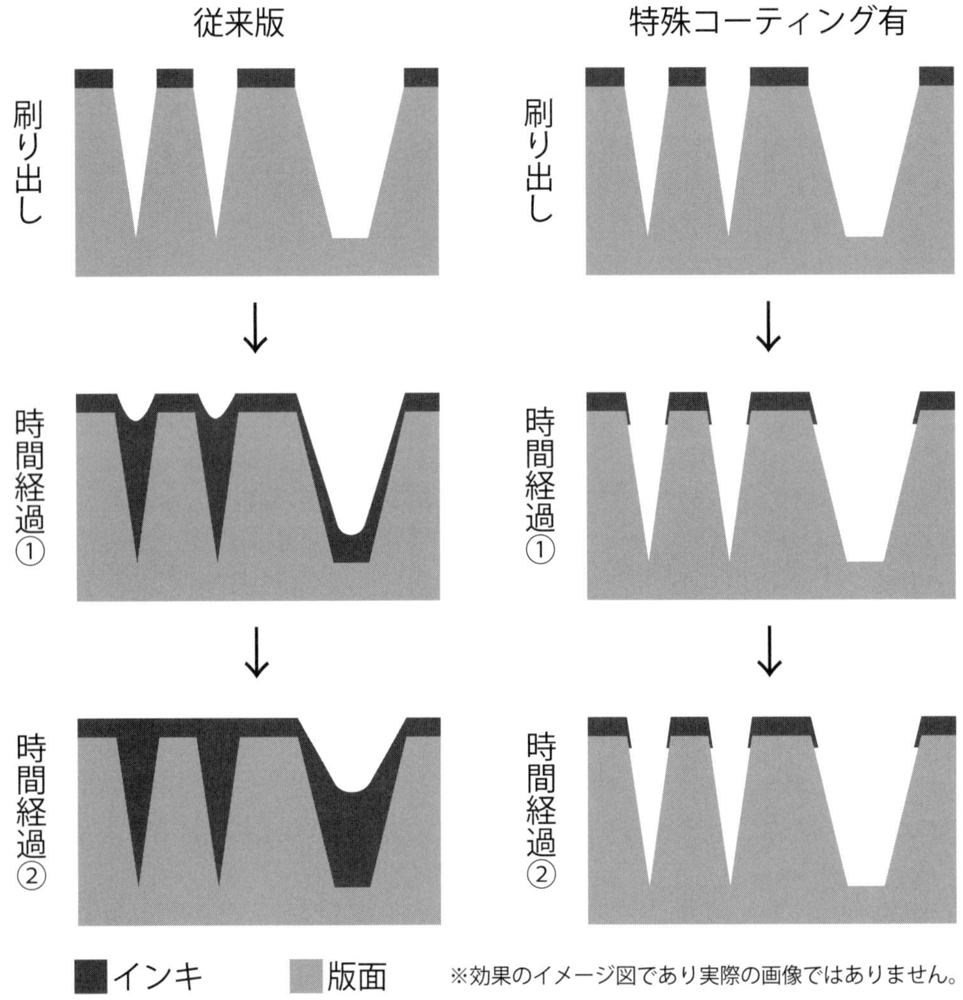

※効果のイメージ図であり実際の画像ではありません。

特殊コーティングを施すと

- 抜き文字、細字、網点部等へのインキ詰まりが画期的に軽減されます。
- 版へのインキの堆積が防げますので、印刷品質が長期に渡り安定します。
- 印刷途中での版洗浄に関わる資材、時間等諸々のロスが画期的に軽減され、印刷機の稼働率が向上します。
- 異物（ゴミ等）の付着が発生してしまった場合でも、版上に長期に滞在することがありません。
- 版交換時等の版洗浄作業が飛躍的に軽減されます。

ホームページをリニューアルしました。https://tokuabe.com

株式会社 特殊阿部製版所

本　　社：東京都江東区平野3-8-6　tel 03-3643-5311　fax 03-3643-5314
北関東営業所：栃木県佐野市大橋町3204-4　tel 0283-23-4133　fax 0283-23-6377

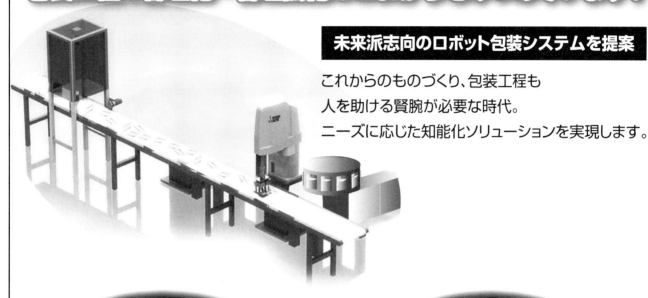

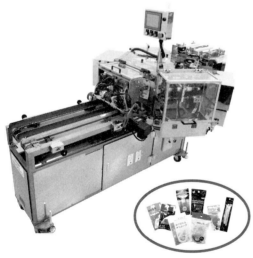

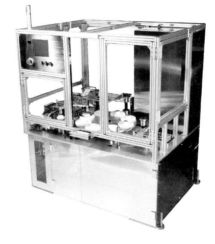

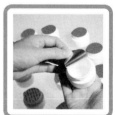

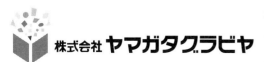

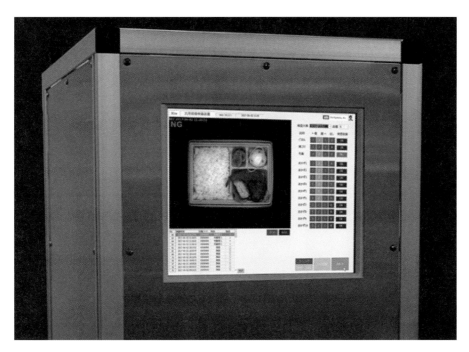

防虫フィルタ

防虫対策 してますか!?

自社独自の自動洗浄付フィルタを採用!

飛行虫90%以上減少!

更に高性能フィルタ、

蒸気ヒーター等のオプション多数。

今までに無かった大風量型ユニット

(300〜800m^3/min)

ピュアテック株式会社　販売部

〒460-0002 名古屋市中区丸の内3-14-32　丸の内三丁目ビル6階

TEL〈052〉218-8511　FAX〈052〉218-8521　https://www.puretec.co.jp/

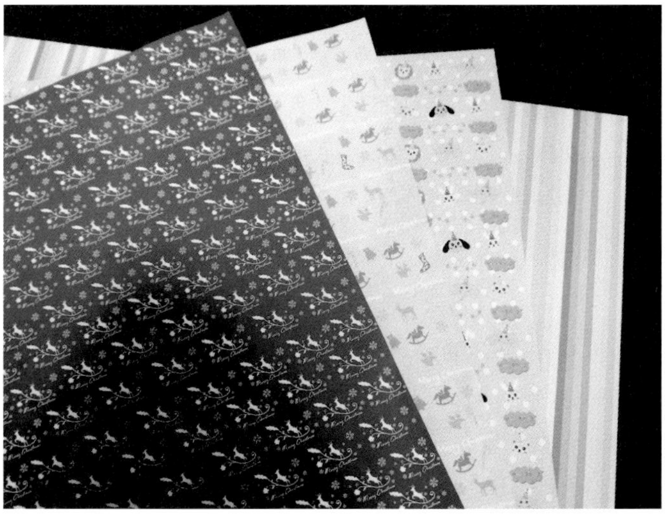

「エコ」で「コスパ」な合成紙を直輸入&在庫!

「石」からできた、台湾生まれの新コスパ「合成紙」

龍盟(ロンミン)製

ストーンペーパー

PPひかえめ、台湾生まれの高品質コスパ「合成紙」

南亜(ナンヤ)製

南亜　合成紙

「ストーンペーパー」輸入元・正規代理店
「南亜合成紙」輸入元・在庫販売店

KS 釜谷紙業株式会社

お問い合わせは **0120-532-270**

針金なし

ふじ エコですタイ

登録商標

針金なし

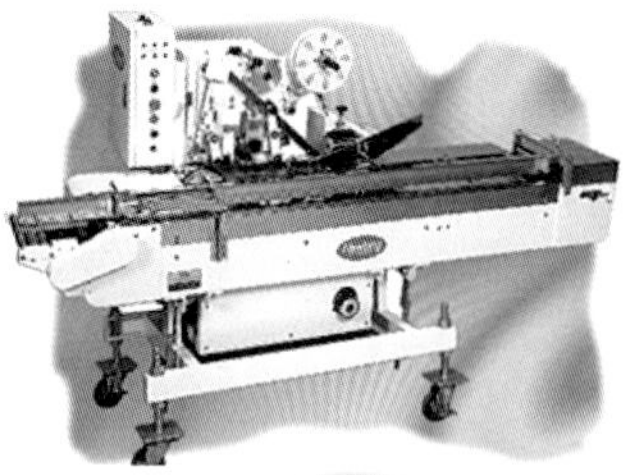

高速結束機

保持力バツグン

ピンホールの心配なし

ジャバラ折機
FT-40ECO

金属探知機に反応しない

生分解

カラーバリエーション

1）ワイヤーを使っていませんので
・手指等を傷つけず安全です
・錆びの心配がありません
・金属探知機にも反応しません
・あやまって電子レンジで使用しても安
2）生分解樹脂（主原料ポリ乳酸）よりで
・土中の微生物により分解されます
・グリーン購入法にかなっています
・燃やしても有毒ガスは発生しませんし
ワイヤーはありませんから残りません
3）紫外線による強度等の劣化がほとんど
通常使用では当初の性能を維持します
4）約60℃以上で加熱すると元の形に戻り

＜使用例＞
1）食品、菓子、その他袋物の袋口結束材
2）野菜、配線コード、おもちゃ部品、
その他まとめ用結束材として
3）農園芸や家庭菜園等に
4）その他ひねって使ういろいろな所に

結んでカーリング

新商品ご案内
デコレットリボン

お菓子＆お土産

規格の版（4種類）×リボンの色（10色）×インキの色（6色）

＜規格の版＞
チェック柄
ドット柄
ハート柄
Presents For You

＜リボンの色＞
レッド　ホワイト
ブルー　ピンク
ライトグリーン　シルバー
イエロー　ゴールド
ブラウン　パープル

＜インキの色＞
レッド
オレンジ
ブルー
ピンク
ブラウン
ホワイト

サンプル例

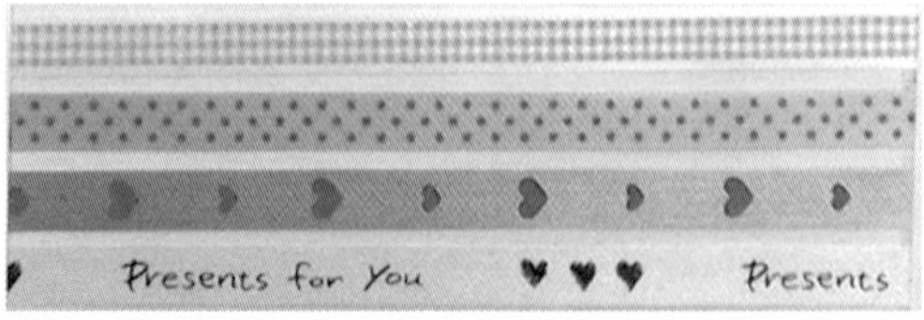

リボン規格

リボン幅	巻長さ	最小ロット
9mm	約100m	10巻

岡本化成株式会社

〒794-0804　愛媛県今治市祇園町3-4-15　TEL 0898-23-2300　FAX 0898-23-5337
http://www.okamoto-kasei.co.jp　E-mail:info@okamoto-kasei.co.jp

2023包装関連資材カタログ集

2022年9月30日発行
定価　本体900円+税

編集・発行　㈱クリエイト日報（出版部）
東　　京　〒101-0061　東京都千代田区神田三崎町3－1－5
　　　　　TEL　03（3262）3465／FAX　03（3263）2560
大　　阪　〒541-0054　大阪市中央区南本町1－5－11
　　　　　TEL　06（6262）2401／FAX　06（6262）2407

URL　https://www.nippo.co.jp/

印刷　株式会社アート・ワタナベ
TEL 03（5692）6500